U1006093

电工与电路基础实践教程

主编：陈岚岚　闫　博　张世英
编者：陈岚岚　闫　博　张世英
付　凯　孟祥扬　周丽琛
李宗强　于湘珍　任　惠

西北工業大學出版社

【内容简介】 本书是根据高等学校电工电子实验课程的教学基本要求编写的实践教材。主要内容包括9个基础实验、4个仿真实验及4个综合实验，可满足不同专业、不同学时数和不同层次的教学需要。书后还附有常用电子仪器仪表的使用说明和Multisim仿真软件介绍。

本书可作为高等学校电气信息类和其他相关专业的本科、专科教材，也可供有关工程技术人员参考。

图书在版编目（CIP）数据

电工与电路基础实践教程/陈岚岚，闫博，张世英主编．—西安：西北工业大学出版社，2015.8(2023.2重印)

ISBN 978-7-5612-4591-0

Ⅰ.①电… Ⅱ.①陈… ②闫… ③张… Ⅲ.①电工—高等学校—教材②电路理论—高等学校—教材 Ⅳ.①TM1

中国版本图书馆CIP数据核字(2015)第202754号

出版发行：西北工业大学出版社
通信地址：西安市友谊西路127号　　邮编：710072
电　　话：(029)88493844　88491757
网　　址：www.nwpup.com
印 刷 者：西安五星印刷有限公司
开　　本：787 mm×1 092 mm　1/16
印　　张：9.625
字　　数：229千字
版　　次：2015年9月第1版　　2023年2月第7次印刷
定　　价：38.00元

前　言

“电工与电路基础”实验课是高等工科院校电气类专业的基础课，目的是培养学生理论联系实际的能力、实践操作能力、综合应用能力以及学生创新意识、严谨求实的科学态度和踏实细致的工作作风。

本书根据电工与电路基础实验教学大纲的要求，在总结了多年的实验教学经验和实验教学改革的基础上编写而成。

全书共分为三章与两个附录。第一章为基础实验，第二章为仿真实验，第三章为综合实验，附录为常用电子仪器、仪表使用说明和 Multisim 仿真软件介绍。

本书对每个实验的原理都做了简明扼要的说明，便于学生课前预习和单独操作。根据循序渐进的原则，逐步培养学生独立实验的能力。在统筹安排时，建议不要拘泥于本书的实验顺序，可以根据实际情况进行取舍，把实验内容联系较紧、所用设备相近的若干个实验组成一个教学单元。

由于水平有限，书中难免有错误和不妥之处，恳请读者给予批评指正。

编　者

2015 年 4 月

目　　录

第一章 基础实验

第一节 基尔霍夫定律

一、实验目的

(1)验证基尔霍夫定律的正确性,加深对基尔霍夫定律的理解。
(2)学会用电流表测量各支路电流的方法。
(3)通过实验加强测量值、实际值的理解,学会分析实验误差。
(4)熟悉 TKDL-1 电路分析实验箱,掌握数字万用表的使用方法。

二、实验仪器

(1)TKDL-1 电路分析实验箱。
(2)数字万用表。

三、实验原理

基尔霍夫定律是电路的基本定律,它包括基尔霍夫电流定律和基尔霍夫电压定律。

1. 基尔霍夫电流定律(简称 KCL)

KCL 用来确定电路中节点的电流关系:对电路中任何节点来说,在任一瞬间,流入节点的电流等于由该节点流出的电流;或者说,在任一瞬间,一个节点上电流的代数和为 0,即$\sum I=0$。

2. 基尔霍夫电压定律(简称 KVL)

KVL 用来确定电路中回路的电压关系:对电路中的任一回路,沿任意循行方向绕行一周,电压降的代数和为 0,即$\sum U=0$。

根据基尔霍夫定律图 1.1.1 所示的电路模型可以写出下述电流、电压方程式:

$$I_1+I_2=I_3$$

$$U_1=I_1(R_1+R_4)+I_3R_3$$

$$U_2=I_2(R_2+R_5)+I_3R_3$$

测量支路电流及元件两端的电压时必须注意要事先假定电流、电压的参考方向;若计算结果为正,则实际方向与参考方向一致;若计算结果为负,则实际方向与参考方向相反。

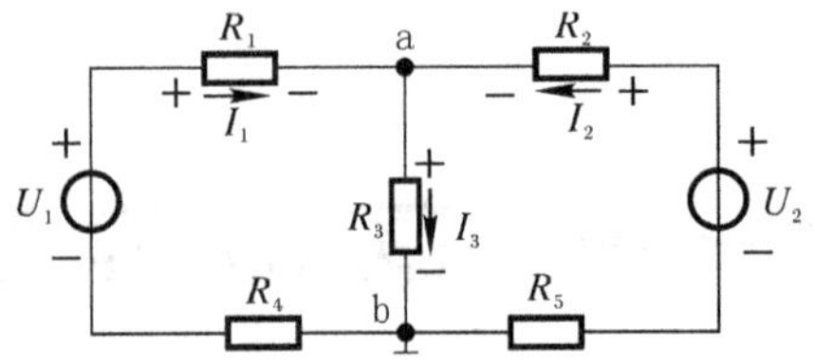

图 1.1.1　电路模型

四、实验内容

实验电路如图 1.1.2 所示。

(1)设定三条支路电流参考方向如图 1.1.2 中的 I_1,I_2,I_3 所示,并熟悉电路结构。

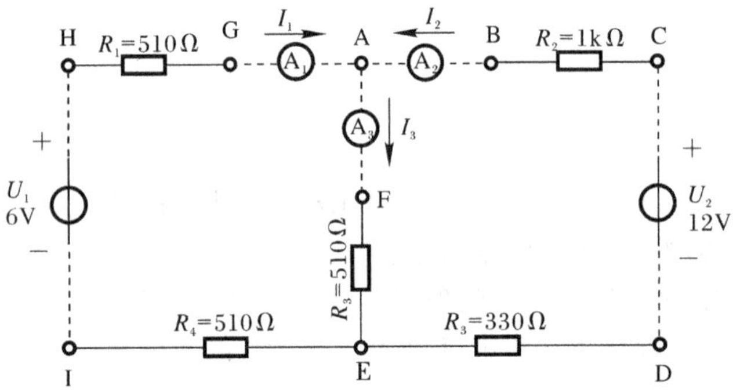

图 1.1.2

(2)提前调节电位器,令 $U_1=6V$,$U_2=12V$,然后分别将两路直流稳压源(如 U_1 接 1.3～15V 可调直流稳压源;如 U_2 接另一路 1.3～15V 可调直流稳压源)接入电路。

(3)将电流表 A_1 的 G,A 两端接至数字毫安表的"+、−"两端,将电流表 A_2 的两端 B,A,电流表 A_3 的两端 A,F 两两短接。测量电流 I_1,记录在表 1.1.1 中。

(4)再将电流表 A_2 的 B,A 两端接至数字毫安表的"+、−"两端,将电流表 A_1 的两端 G,A,电流表 A_3 的两端 A,F 两两短接。测量电流 I_2,记录在表 1.1.1 中。

(5)最后将电流表 A_3 的 A,F 两端接至数字毫安表的"+、−"两端,将电流表 A_1 的两端 G,A,电流表 A_2 的两端 A,B 两两短接。测量电流 I_3,记录在表 1.1.1 中。

(6)用直流数字电压表分别测量两路电源及电阻元件上的电压值,记录在表 1.1.1 中。

表 1.1.1

被测量	I_1/mA	I_2/mA	I_3/mA	U_1/V	U_2/V	U_{HG}/V	U_{BC}/V	U_{FE}/V	U_{EI}/V	U_{DE}/V
理论值										
测量值										
相对误差										

五、实验报告要求

(1)根据实验数据,选定实验电路中的任一节点,根据实验测量结果验证基尔霍夫电流定律(KCL)的正确性。

(2)根据实验数据,选定实验电路中的任一闭合回路,根据实验测量结果验证基尔霍夫电压定律(KVL)的正确性。

(3)计算实验误差,分析产生实验误差的原因,并提出进一步减小实验误差的方法。

六、思考题

了解实验误差产生的原因,并考虑如何减少实验误差。

第二节　电压源与电流源的等效变换

一、实验目的

(1)加深理解电压源、电流源的概念。

(2)掌握电源外特性的测试方法。

二、实验仪器

(1)TKDL-1 电路分析实验箱。

(2)数字万用表。

三、实验原理

1. 电压源

电压源是有源元件,可分为理想电压源与实际电压源。理想直流稳压电源没有内阻,它的输出电压不因负载而改变。而实际电压源的端电压随着电流变化而变化,即它具有一定的内阻值。理想电压源与实际电压源以及它们的伏安特性如图 1.2.1 所示。

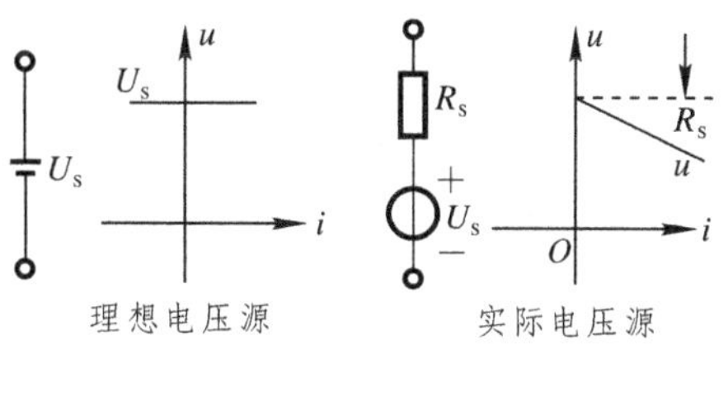

图 1.2.1　电压源

2. 电流源

电流源也分为理想电流源和实际电流源。理想电流源的电流是恒定的,不因外电路不同而改变。实际电流源的电流与所连接的电路有关。当其端电压增高时,通过外电路的电流降低,其端电压越低,通过外电路的电流就越大。实际电流源可以用一个理想电流和一个内阻RS并联来表示。图1.2.2所示为两种电流源的伏安特性。

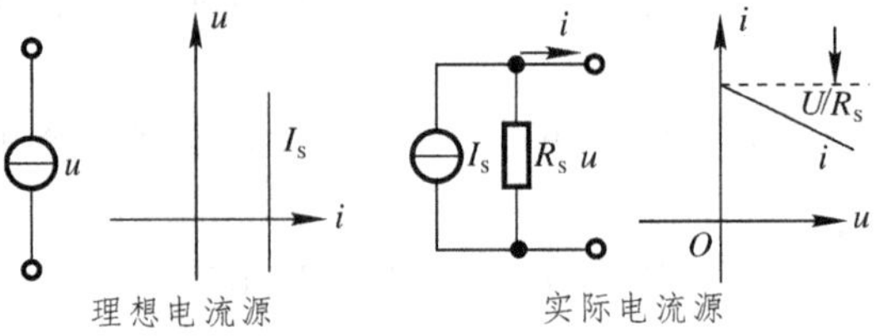

图 1.2.2　电流源

3. 电源的等效变换

一个实际电源,其外部特性可以看成为一个电压源,也可看成为一个电流源。两者是等效的,其中

$$I_S = U_S/R_S \text{ 或 } U_S = I_S R_S$$

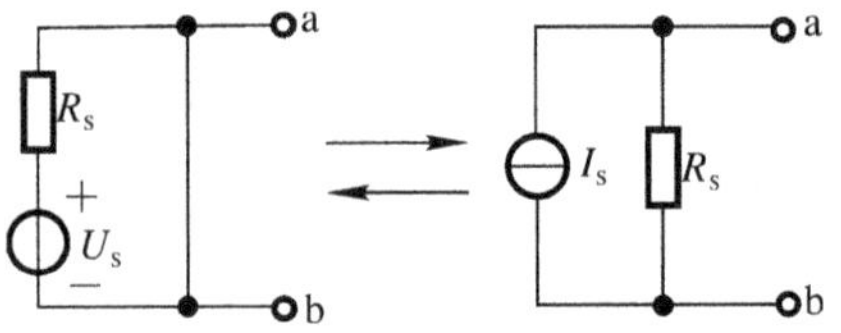

图 1.2.3　等效变换电路

图1.2.3为等效变换电路,由上式可以看出它可以很方便地把一个参数为 U_S 和 R_S 的电压源变换为一个参数为 $I_S(I_S = U_S/R_S)$ 和 R_S 的等效电流源。

四、实验内容

1. 测试理想电压源的伏安特性

按图1.2.5(a)所示接线,调节直流稳压电源输出,使 U_S 为10V,其中 R_L 可以用1kΩ的电位器,调节电位器使其阻值由小变大,观察电压表读数变化情况,将结果填入表1.2.1中。

2. 测试理想电流源的伏安特性

按图1.2.4(a)所示接线,调节恒流源输出,使 I_S 为10mA,其中 R_L 可以用1kΩ电位器,调节电位器使其阻值由小变大,观察电压表读数变化情况,用间接的方法观察电流的变化。将结果填入表1.2.1中。

3. 测试实际电流源的伏安特性

按照图1.2.4(b)接线,I_S 仍为10mA,R_S 可选1kΩ,改变 R_L 阻值(方法同上),将测试的结果 I_L 填入表1.2.1中。

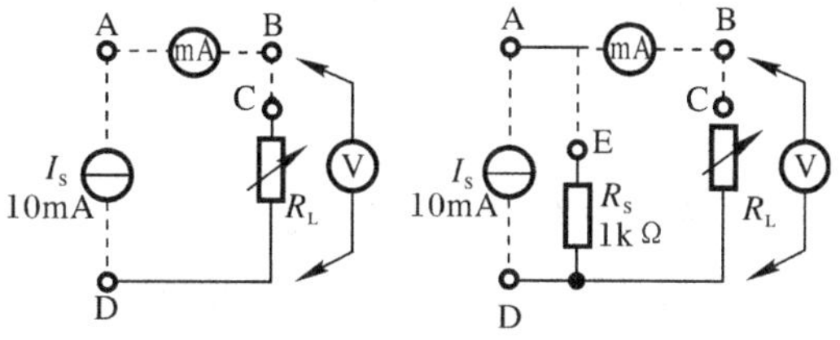

图 1.2.4 测试电流源的伏安特性

表 1.2.1

	R_L/Ω	0	200	300	510	1000
理想电压源	U_S/V					
	$I_L/mA=\frac{U_S}{R_S}$					
理想电流源	I_S/mA					
	$U/V=RI_S$					
实际电流源	U/V					
	$I_L/mA=\frac{U}{R_L}$					
等效实际电压源	U/V					
	$I_L/mA=\frac{U}{R_L}$					

4. 电流源与电压源的等效变换

按照等效变换的条件,上述电流源可以方便地变换为电压源,如图 1.2.5(b)所示,其中 $U_S=I_SR_S=10\times1=10V$,内阻 R_S 仍为 1kΩ,改变 R_L 值,将测试结果填入表 1.2.1 中,并与实际电流源的数据比较,验证其等效互换性。

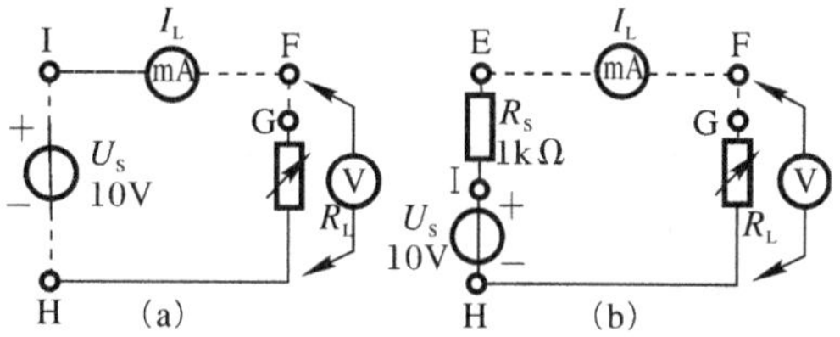

图 1.2.5 电流源与电压源的等效变换

五、实验报告要求

(1)根据测试数据绘出各电源的伏安特性曲线,并总结、归纳各类电源的特性。

(2)从实验结果,验证电源等效变换的条件。

(3)总结对实际电源与理想电源的理解及心得体会。

六、思考题

(1)为什么直流稳压电源的输出端不允许短路?为什么直流恒流源的输出端不允许开路?

(2)为什么电压源与电流源的外特性呈现下降变化趋势,稳压源和恒流源的输出在任何负载下是否保持恒值?

第三节 电阻等效

一、实验目的

(1)掌握电阻的串联、并联及混联。

(2)加深对电阻等效的理解。

二、实验仪器

(1)TKDL-1 电路分析实验箱。

(2)数字万用表。

三、实验原理

1. 电阻串联

电阻首尾相连,流过同一电流的连接方式,称为串联,如图 1.3.1 所示。

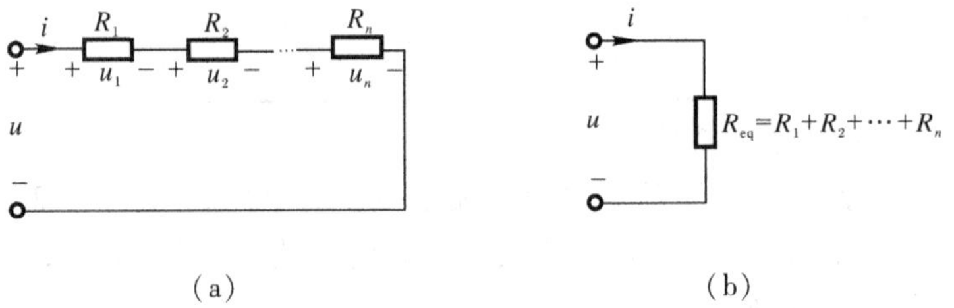

图 1.3.1 电阻串联

由图 1.3.1(a)知,VAR 为

$$u=u_1+u_2+\cdots+u_n=R_1i+R_2i+\cdots+R_ni=(R_1+R_2+\cdots+R_n)i$$

由图 1.3.2(b)知,VAR 为 $u=R_{eq}i$

即若干电阻串联等效于一个电阻,

$$R_{eq}=R_1+R_2+\cdots+R_n$$

分压公式为
$$u_k=R_ki=\frac{R_k}{R_{eq}}u$$

2. 电阻并联

电阻首尾分别相连,处于同一电压下的连接方式,称为并联,如图 1.3.2 所示。

由图 1.3.2(a)知,VAR 为

$$i=i_1+i_2+\cdots+i_n=\frac{u}{R_1}+\frac{u}{R_2}+\cdots+\frac{u}{R_n}=\left(\frac{1}{R_1}+\frac{1}{R_2}+\cdots+\frac{1}{R_n}\right)u$$

由图 1.3.2(b)知,VAR 为 $i=\frac{1}{R_{eq}}u$

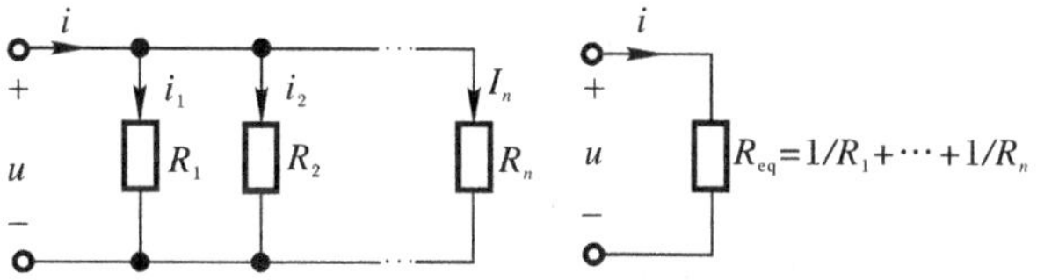

(a) (b)

图 1.3.2 电阻并联

即若干电阻并联等效于一个电阻,即

$$R_{eq}=1/R_1+1/R_2+\cdots+1/R_n$$

分流公式为 $$i_k=\frac{u}{R_k}=\frac{R_k}{R_k}i$$

3. 电阻的混联

几个连接起来的电阻所起的作用,可以用一个电阻来代替,这个电阻就是这些电阻的等效电阻。也就是说任何回路中的电阻,不论有多少只,都可等效为一个电阻来代替,而不影响原回路两端的电压和回路中电流强度的变化。这个等效电阻,是由多个电阻经过等效串并联公式,计算出等效电阻的大小值。也可以说,将这一等效电阻代替原有的几个电阻后,对于整个电路的电压和电流量不会产生任何的影响,这个电阻就称为回路中的等效电阻。

计算入端电阻的阻值,采用逐次等效的办法,如图 1.3.3 所示。

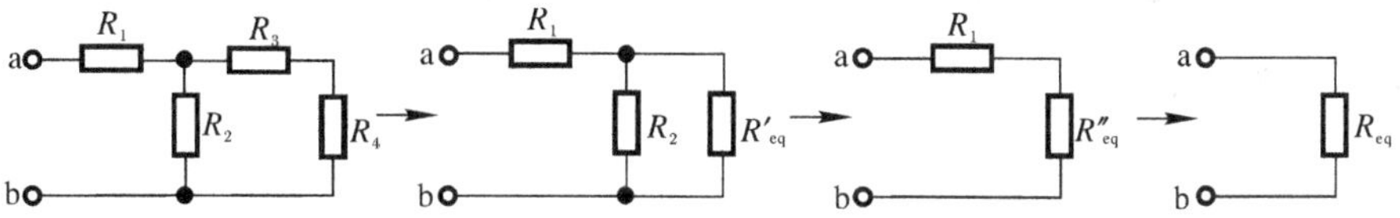

图 1.3.3 电阻的混联

注意:判别电路中电阻的串并联关系是分析混联电路的关键。一般应注意下述事项:

(1)根据电压、电流关系判断。若流经两电阻的电流是同一电流,则为串联;若两电阻上承受的是同一电压,就是并联。注意不要被电路中的一些短接线所迷惑,对短接线可以做压缩或伸长处理。

(2)根据电路的结构特点,如对称性、电桥平衡等,找出等电位点,连接或断开等电位点之间的支路,把电路变换成简单的并联形式。

(3)应用 Y,△结构互换把电路转化成简单的串并联形式,再加以计算分析。但要明确,Y,△结构互换是多端子结构等效,除正确使用变换公式计算各阻值之外,务必正确连接各对应端子,更应注意不要把本是串并联的问题看做 Y、△结构进行变换等效,那样会使计算过程更加复杂化。

(4)当电路结构比较复杂时,可以根据电路的结构特点,设定电路中的支路电流,通过网孔回路方程和节点电流方程确定支路电流分布系数，然后求出断口电压和电流的比值，得出等效电阻。

四、实验内容

按图 1.3.4 所示接线，计算 R_{AQ}的电阻，并与用数字万用表测量的电阻值进行比较，实验步骤如下：

A 与 B 短接，A 与 F 短接，C 与 M 短接，N 与 L 短接，I 与 J 短接，E 与 I 短接，H 与 G 短接，G 与 Q 短接，用数字万用表的电阻挡测量 R_{AQ}。

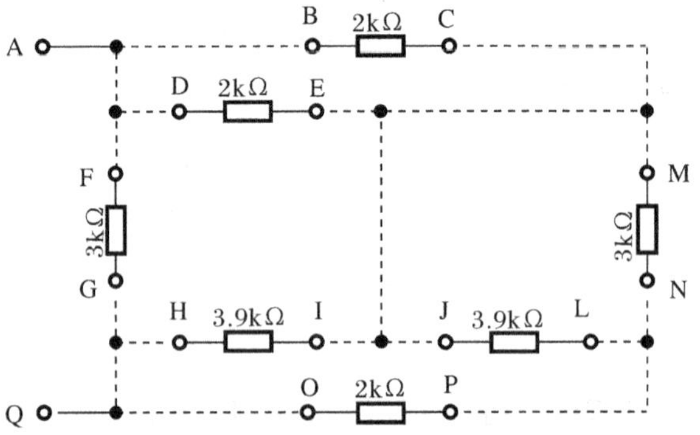

图 1.3.4　比较测量电阻值

表 1.3.1

	测量值	理论值	误差
R_{AQ}			

五、实验报告要求

(1) 根据测量数据，验证电阻等效。

(2) 总结、归纳分析误差产生的原因。

第四节　线性电路的叠加性和齐次性

一、实验目的

(1) 验证叠加原理。

(2) 了解叠加原理的应用条件。

(3) 理解线性电路的叠加性和齐次性。

二、实验仪器

(1) TKDL-1 电路分析实验箱。

(2) 数字万用表。

三、实验原理

叠加原理指出：在几个电源共同作用下的线性电路中，通过每一个元件的电流或其两端的电压，可以看成是由每一个电源单独作用在该元件上所产生的电流或电压的代数和。

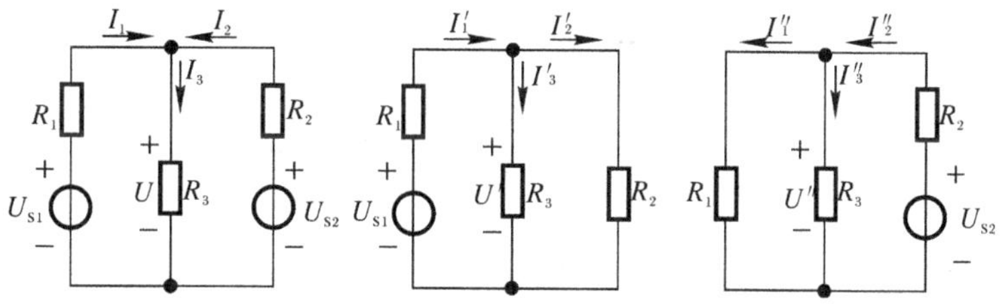

图 1.4.1　实验原理

注意事项：一个电源单独作用时，其他的电源必须去掉（电压源短路、电流源开路）；在求电流或电压的代数和时，当电源单独作用时电流或电压的参考方向与共同作用时的参考方向一致时，符号取正，否则取负。

在图 1.4.1 中

$$I_1 = I_1' - I_1''$$
$$I_2 = I_2' + I_2''$$
$$I_3 = I_3' + I_3''$$
$$U = U' + U''$$

叠加原理反映了线性电路的叠加性，线性电路的齐次性是指当激励信号（如电源作用）增加或减小 k 倍时，电路的响应（即在电路其他各线性元件上所产生的电流和电压值）也将增加或减小 k 倍。叠加性和齐次性都只适用于求解线性电路中的电流、电压，不能用来求功率。对于非线性电路，叠加性和齐次性都不适用。

四、实验内容

实验电路如图 1.4.2 所示，图中：$R_1=R_3=R_4=510\Omega$，$R_2=1\text{k}\Omega$，$R_5=330\Omega$，电源 U_{S1} 用固定电压输出端，并将输出电压调到+12V，U_{S2} 接 1.3 ~ +15V 可调电压输出端，并将输出电压调到+6V（以直流数字电压表读数为准），将电阻 R_3 接入电路中（将 J 与 K，L 与 E 两两短接）。

（1）U_{S1} 电源单独作用（将 G 与 N，O 与 F，C 与 D 两两短接），画出电路图，标明各电流、电压的参考方向。

用直流数字毫安表测量各支路电流：将电流表 A_1 的 H，A 两端接至数字毫安表的“+、-”两端，将电流表 A_2 的两端 B，A，电流表 A_3 的两端 A，J 两两短接，测量电流 I_1，并将数据记入表 1.4.1 中。

测量电流 I_2，I_3 时，重复上述步骤。

按规定：在节点 A，电流表读数为“+”，表示电流流入节点，读数为“-”，表示电流流出节点，然后根据电路中的电流参考方向，确定各支路电流的正、负，并将数据记入表 1.4.1 中。

用直流数字电压表测量各电阻元件两端电压：电压表的红（正）接线端应接入被测电阻元

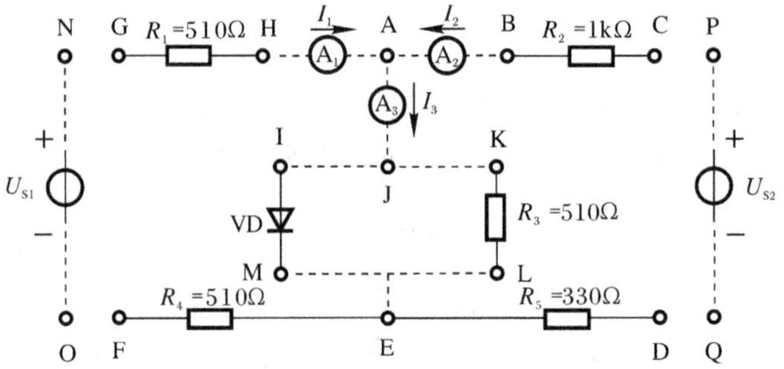

图 1.4.2

件电压参考方向的正端，电压表的黑（负）接线端插入电阻元件的另一端（电阻元件电压参考方向与电流参考方向一致），测量各电阻元件两端电压，并将数据记入表 1.4.1 中。

表 1.4.1

测量项目 实验内容	U_{S1}/V	U_{S2}/V	I_1/mA	I_2/mA	I_3/mA	U_{GH}/V	U_{BC}/V	U_{DE}/V	U_{EF}/V	U_{KL}/V
U_{S1}单独作用	12	0								
U_{S2}单独作用	0	6								
U_{S1}，U_{S2}共同作用	12	6								
U_{S2}单独作用	0	12								

（2）U_{S2}电源单独作用（将 C 与 P，D 与 Q，G 与 F 两两短接），画出电路图，标明各电流、电压的参考方向。重复步骤（1）的测量过程，并将数据记入表 1.4.1 中。

（3）U_{S1}和 U_{S2}共同作用时（将 G 与 N，O 与 F，C 与 P，D 与 Q 两两短接），各电流、电压的参考方向见图 1.4.2。完成上述电流、电压的测量，并将数据记入表格 1.4.1 中。

（4）将 U_{S2}数值调至+12V，重复第 2 步的测量，并将数据记录在表 1.4.1 中。

（5）验证非线性电路没有叠加性和齐次性：断开 J 与 K，L 与 E 的连接，将 I 与 J，M 与 E 两两短接，即电阻 R_3 换成一只二极管 1N4007，重复步骤（1）～（4）的测量过程，并将数据记入表 1.4.2 中。

表 1.4.2

测量项目 实验内容	U_{S1}/V	U_{S2}/V	I_1/mA	I_2/mA	I_3/mA	U_{GH}/V	U_{BC}/V	U_{DE}/V	U_{EF}/V	U_{KL}/V
U_{S1}单独作用	12	0								
U_{S2}单独作用	0	6								
U_{S1}，U_{S2}共同作用	12	6								
U_{S2}单独作用	0	12								

五、实验报告要求

(1)根据表1.4.1中的实验数据,通过求各支路电流和各电阻元件两端电压,验证线性电路的叠加性与齐次性。

(2)各电阻元件所消耗的功率能否用叠加原理计算得出?

(3)根据表1.4.2中的实验数据,说明叠加性与齐次性是否适用该实验电路?

六、思考题

(1)叠加原理中 U_{S1},U_{S2} 分别单独作用,在实验中应如何操作?

(2)实验电路中,若有一个电阻元件改为二极管,试问叠加性与齐次性还成立吗?为什么?

第五节 替代定理的验证

一、实验目的

(1)用实验方法验证替代定理的正确性。

(2)加深对替代定理的理解。

二、实验仪器

(1)TKDL-1 电路分析实验箱。

(2)数字直流电压表。

(3)数字直流电流表。

三、实验原理

替代定理:如果网络 N 由一个电阻单口网络 N_R 和一个任意单口网络 N_L 连接而成,则:

(1)如果端口电压 u 有唯一解,则可用电压为 u 的电压源来替代单口网络 N_L,只要替代后的网络仍有唯一解,则不会影响单口网络 N_R 内的电压和电流;

(2)如果端口电流 i 有唯一解,则可用电流为 i 的电流源来替代单口网络 N_L,只要替代后的网络仍有唯一解,则不会影响单口网络 N_R 内的电压和电流。

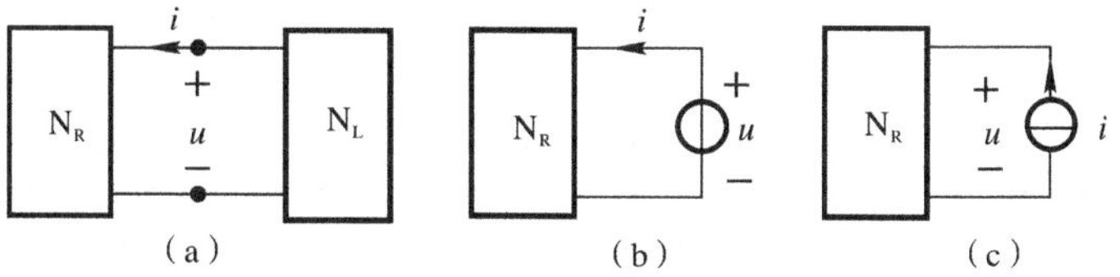

图 1.5.1 实验原理

替代定理的价值在于:一旦网络中某支路电压或电流成为已知量时,则可用一个独立源来替代该支路或单口网络 N_L,从而简化电路的分析与计算。替代定理对单口网络 N_L 并无特殊要求,它可以是非线性电阻单口网络和非电阻性的单口网络。

四、实验内容

实验电路如图1.5.2所示,其中:$R_1 = R_3 = 1k\Omega, R_2 = 2k\Omega, R_4 = 3k\Omega, R_5 = 3.9k\Omega, R_6 = 5.1k\Omega, U_1 = 12V, U_2 = 10V$。

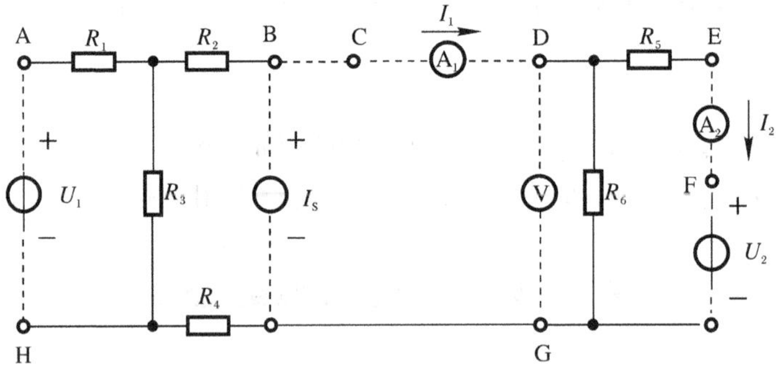

图1.5.2　实验内容

(1)A,H两端接入12V的电压,F,G两端接入10V的电压,B,C点要连接起来,B,G两端加2mA的电流,用直流电压表和直流电流表分别测出电压U_{DG},I_1和I_2,并记入表1.5.1中。

表1.5.1

	U_{DG}	I_1	I_2
$U_1 = 12V$			
$U_2 = 10V$			
$I_S = 2mA$			

(2)用1.3~+15V可调电压源调至U_{DG},并替代接入D,G两端,用该电压源替代D,G两端左侧电路,用直流电流表测量I_2的电流,B,C点要断开。

(3)用0~20mA可调电流源调至I_1,并替代接入D,G两端,用该电流源替代D,G两端左侧电路,用直流电流表测量I_2的电流,B,C点要断开。

(4)通过比较,I_2的数值偏差多少,验证替代定理是否正确。

(5)同理,按照(1)(2)(3)的步骤,比较电阻R_5,R_6上的电压的数值偏差多少,验证替代定理是否正确,并填入表1.5.2中。

表1.5.2

	替代前	替代后
Z_2		
U_{R5}		
U_{R6}		

五、实验报告要求

（1）根据测量数据，验证替代定理。
（2）总结、归纳分析误差产生的原因。

六、思考题

分析叠加定理与替代定理的区别及其适用性。

第六节 戴维南定理及功率最大传输条件

一、实验目的

（1）用实验方法验证戴维南定理的正确性。
（2）学习线性含源一端口网络等效电路参数的测量方法。
（3）验证功率传输的最大条件。

二、实验仪器

（1）TKDL-1 电路分析实验箱。
（2）数字万用表。

三、实验原理

（1）戴维南定理指出：任何一个线性含源一端口网络，对外部电路而言，总可以用一个理想电压源和电阻相串联的有源支路来代替。如图 1.6.1 所示，其理想电压源的电压等于原网络端口的开路电压 U_{0c}，其电阻等于原网络中所有独立电源为零值时的输入端等效电阻 R_i。

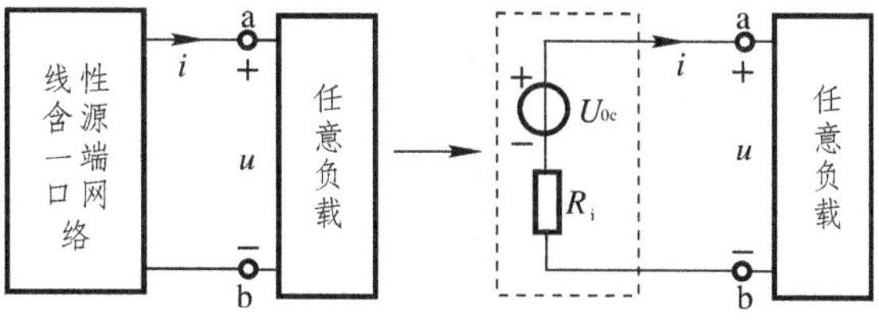

图 1.6.1

（2）对于已知的线性含源一端口网络，其输入端等效电阻 R_i 可以从原网络计算得出，也可以通过实验方法测出。下面介绍几种测量方法：

1）由戴维南定理和诺顿定理可知：

$$R_i=\frac{U_{0c}}{I_{sc}}$$

因此，只要测出含源一端口网络的开路电压 U_{0c} 和短路电流 I_{sc}，即可得出 R_i，这种方法最简便。但是，对于不允许将外部电路直接短路的网络（例如有可能因短路电流过大而损坏网络内部的器件时),不能采用此方法。

2)测出含源一端口网络的开路电压 U_{0c} 以后,在端口处接负载电阻 R_L,然后再测出负载电阻的端电压 U_{RL},因

$$U_{KL}=\frac{U_{0c}}{R_i+R_L}R_L$$

则输入端等效电阻为

$$R_1=\left(\frac{U_{0c}}{U_{RL}}-1\right)R_L$$

3)令有源一端口网络中的所有独立电源置零,然后在端口处加一个给定电压 U,测得流入端口的电流 I(见图 1.6.2(a)),则 $R_i=\frac{u}{i}$;也可以在端口处接入给定电流源 i',测得端口电压 u'(见图 6-2(b)),则 $R_i=\frac{u'}{i'}$。

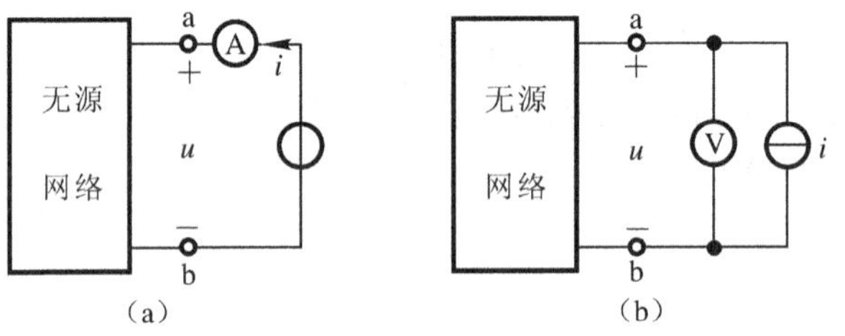

图 1.6.2

(3)一个含有内阻 r_0 的电源给负载 R_H 供电,其功率为

$$P=I^2R_H=\left(\frac{E_0}{R_H+r_n}\right)^2R_H$$

为求得 R_H 从电源中获得最大功率的最佳值,可以将功率 P 对 R_H 求导,并令其导数等于零,解得

$$\frac{dP}{dR_H}=\frac{(r_0+R_H)^2-2(r_0+R_H)R_H}{(r_0+R_H)^4}E_0^2=$$

$$\frac{r_0^2-R_H^2}{(r_0+R_H)^4}E_0^2=0$$

于是解得

$$R_H=r_0$$

则得最大功率

$$F_{max}=\frac{E_0^2}{(r_0+R_H)}R_H=\frac{E_0^2}{4r_0}$$

由此可知,负载电阻 R_H 从电源中获得最大功率条件是负载电阻 R_H 等于电源内阻 r_0。

四、实验内容

(1)测定线性含源一端口网络的外特性(即伏安特性) $U=f(I)$ 。实验电路如图 1.6.3 所示,改变电阻 R_H 值,测量对应的电流和电压值,将数据填在表 1.6.1 内。根据测量结果,求出

其戴维南等效电路的参数 U_{0c}，I_{sc}。图 1.6.3 中：$R_1=200\Omega$，$R_2=300\Omega$，$R_3=510\Omega$，$U_S=10V$。

(2)利用实验原理中介绍的方法求 R_i。方法 1 和方法 2 数据在内容 1 中取，方法 3 实验线路如图 1.6.3 所示，并按表 1.6.2 要求填写数据。其中：$R_1=200\Omega$，$R_2=300\Omega$，$R_3=510\Omega$，$U_S=10V$，$R_H=1k\Omega$，$R_i=1k\Omega$。

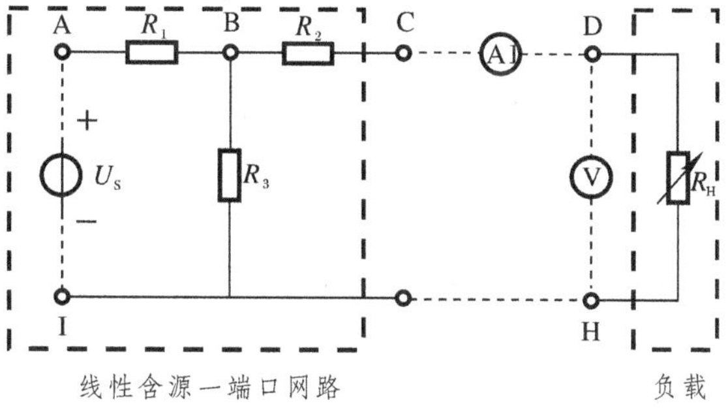

图 1.6.3

表 1.6.1

R_H/Ω	0	100	200	300	500	700	800	∞
I_{CD}/mA								
U_{DH}/V								

表 1.6.2

方法	1	2	3
R_i/N			
R_i 的平均值			

(3)用上述内容测得的等效参数构成戴维南等效电路，如图 1.6.4 所示，测量其外特性 $U=f(I)$。将数据填在表 1.6.3 中。

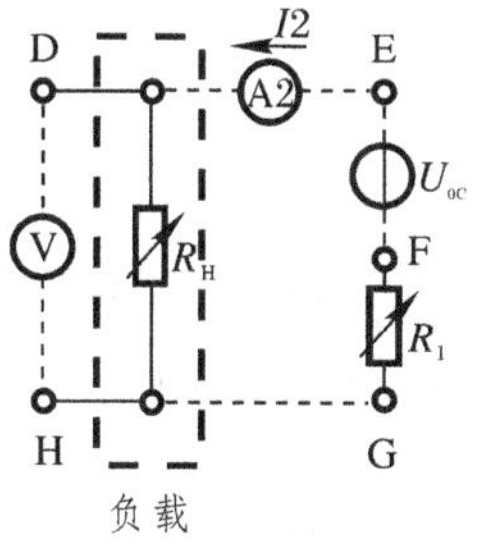

图 1.6.4

表 1.6.3

R_H/Ω	0	100	200	300	500	700	800	∞
I_{ED}/mA								
U_{DH}/V								

(4)最大功率传输条件的验证。根据表 1.6.3 中的数据计算并绘制功率随 R_H 变化的曲线,即 $P=f(R_H)$。

验证最大功率传输条件是否正确,即当 $R_H=R_i$ 时负载获得了最大功率。

五、实验报告要求

(1)根据实验内容(1)和(3)的测量结果,在同一张坐标纸上画出它们的外特性曲线,并做分析比较。

(2)完成实验内容(2)的要求。

六、思考题

(1)在求有源一端口网络等效电阻时,如何理解"原网络中所有独立电源为零值"?

(2)列举测有源一端口网络开路电压及等效内阻的几种方法,并比较其优缺点。

第七节　一阶 RC 电路的暂态分析

一、实验目的

(1)研究 RC 电路在零输入、阶跃激励和方波激励情况下,响应的基本规律和特点。

(2)学习用示波器观察分析电路的响应。

二、实验仪器

(1)TKDL-1 电路分析实验箱。

(2)数字万用表。

(3)函数信号发生器。

(4)数字示波器。

三、实验原理

(1)一阶 RC 电路对阶跃激励的零状态响应就是直流电源经电阻 R 向 C 充电。对于图 1.7.1所示的一阶电路,当 $t=0$ 时电路达到稳态,即初始值为0,开关 K 由位置2 转到位置1,由方程

$$U_C+RC\frac{dU_C}{dt}=U_S,\quad t\geqslant 0$$

初始值　　　　　$U_C(0-)=0$

可以得出电容和电流随时间变化的规律

$$U_C(t)=U_S(1-e\frac{t}{\tau}),\quad t\geqslant 0$$

$$i(t)=\frac{U_S}{R}e\frac{t}{\tau},\quad t\geqslant 0$$

上式表明,零状态响应是输入的线性函数。其中 $\tau=RC$,具有时间的量纲,称为时间常数,它是反映电路过渡过程快慢程度的物理量。τ 越大,暂态响应所持续的时间越长,即过渡过程时间越长。反之,τ 越小,过渡过程的时间越短。

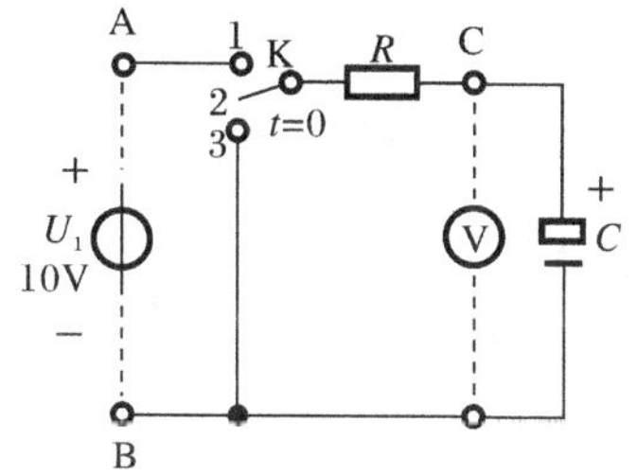

图 1.7.1

(2)电路在无激励情况下,由储能元件的初始状态引起的响应称为零输入响应。即电容器的初始电压经电阻 R 放电。在图 1.7.1 中,当电路达到稳态,把开关 K 转到位置 1,$U_C(0_-)=U_S$ 时,再将开关 K 转到位置 2。由方程

$$U_C+RC\frac{dU_C}{dt}=0,\quad t\geqslant 0$$

初始值 $U_C(0_-)=U_S$

可以得出电容器上的电压和电流随时间变化的规律

$$U_C(t)=U_C(0_-)e\frac{t}{\tau},\quad t\geqslant 0$$

$$i(t)=\frac{U_C(0_-)}{R}e\frac{t}{\tau},\quad t\geqslant 0$$

(3)对于 RC 电路的方波响应,在电路的时间常数远小于方波周期时,可以视为零状态响应和零输入响应的多次交替过程。方波的前沿相当于给电路一个阶跃输入,其响应就是零状态响应,方波的后沿相当于在电容具有初始值 $U_C(0_-)$ 时把电源用短路导线置换,电路响应转换成零输入响应。由于方波是周期信号,可以用普通示波器显示出稳定的图形,以便于定量分析。本实验采用的方波信号的频率为 1 000Hz。

四、实验内容

1. 测定一阶 RC 电路的电容充电过程

按图 1.7.2 所示接线。先调节电源电压 $U=10$V。先让电容放电完毕,将开关 K 拨至 3,用万用表电压挡监测 C,B 两端的电压,待电路达到稳态,U_C 电压为 0V 后,开始观察电容充电过程即零状态响应。在开关 K 置于 1 时(钮子开关往上拨)的瞬间开始用秒表计时,同时用万

用表电压挡监测 C,B 两端的电压。实验板上有秒表,使用时只须将开关转到开的位置即可。当万用表指示的电容电压 U_C 达到表 1.7.1 中所规定的某一数值时,将开关置于 2 点(钮子开关拨到中间点),用秒表记下时间,并将其填在表 1.7.1 中,然后开关置于 1 点,重复上述实验并记下时间。其中:$U_1=10V$,$R=100k\Omega$,$C=470\mu F$。

表 1.7.1

U_C/V	1.5	2	3	4	6	7	8
充电时间 t_1/s							

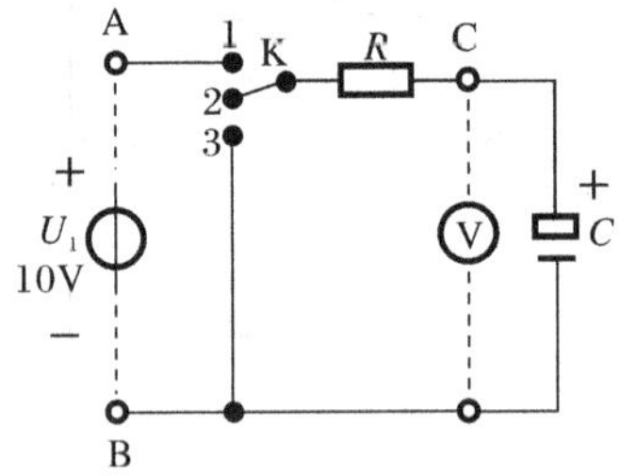

图 1.7.2

2. 测定一阶 RC 电路的电容放电过程

将电容充电至表中电压,按图 1.7.3 所示接线。在 $t=0$ 时,用秒表计时(按一下复位开关,电秒表计数归零),将开关 K 置于 3 点(钮子开关往下拨),方法同上。将数据记在表 1.7.2 中。

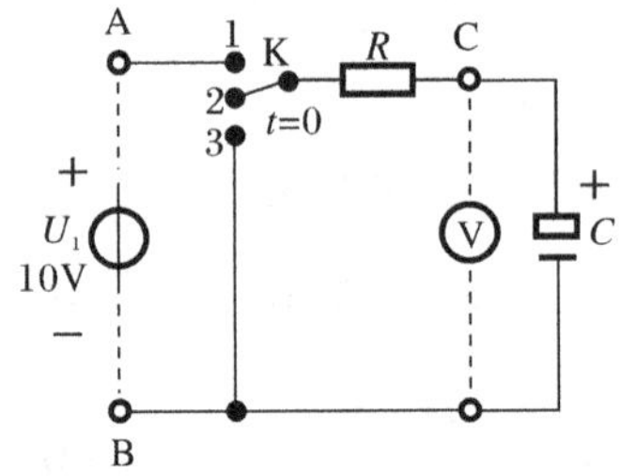

图 1.7.3

其中:$U_1=10V$,$R=100k\Omega$,$C=470\mu F$。

表 1.7.2

U_C/V	8	6	5	3	2	1.5
充电时间 t_2/s						

3. 用示波器观察一阶 RC 电路的方波响应

首先将方波发生器的电源接通使之产生方波,并将此方波输给示波器,调整示波器,使其能观察到合适的稳定方波波形(可选幅值 3 ~5V,频率 1kHz 左右)。

按图 1.7.4 所示接线。选取不同的 R 和 C。如:

(1)$C=0.1\mu F$,$R=10k\Omega$;

(2) $C=0.01\mu F$, $R=1k\Omega$;

(3) $C=0.01\mu F$, $R=10k\Omega$。

用示波器观察 $U_C(t)$ 波形的变化情况，并将其描绘出来。

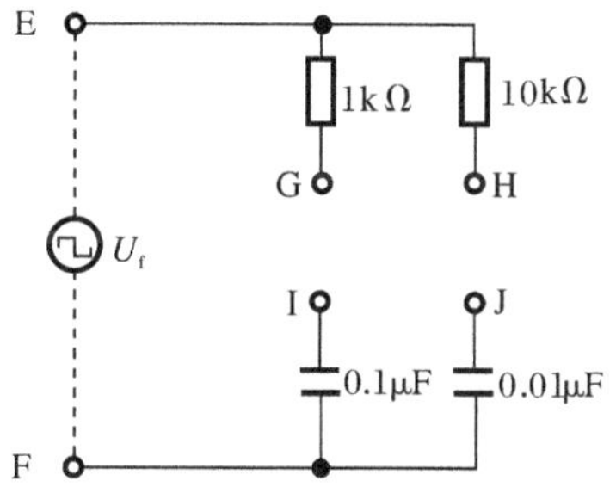

图 1.7.4

五、实验报告要求

(1)用坐标纸描绘出电容充电及放电过程。

(2)把用示波器观察出的各种波形画在坐标纸上，并做出必要的说明。

六、思考题

(1)什么样的电信号可作为一阶 RC 电路零输入响应、零状态响应和全响应的激励信号？

(2)已知一阶 RC 电路 $R=30k\Omega$, $C=0.01\mu F$，试计算时间常数 τ，并根据 τ 值的物理意义，拟订测量 τ 的方案。

第八节 RLC 元件阻抗特性测定

一、实验目的

(1)验证阻抗、感抗、容抗与频率的关系，测定 R-f, X_L-f, X_C-f 特性曲线。

(2)加深理解 R, L, C 元件端电压与电流间的相位关系。

二、实验仪器

(1)TKDL-1 电路分析实验箱。

(2)数字交流毫伏表。

(3)数字示波器。

三、实验原理

(1)在正弦交流信号作用下 R, L, C 电路元件在电路中的抗流作用与信号的频率有关，它们的阻抗频率特性 R-f, X_L-f, X_C-f 曲线如图 1.8.1 所示。

(2)元件阻抗频率特性的测量电路如图 1.8.2 所示。

图中的 r 是提供测量回路电流用的标准小电阻，由于 r 阻值小于被测元件的阻抗值，因此可以认为 AB 之间的电压就是被测元件 R 和 L 或 C 两端的电压，流过被测元件的电流则可由 r 两端的电压除以 r 所得。

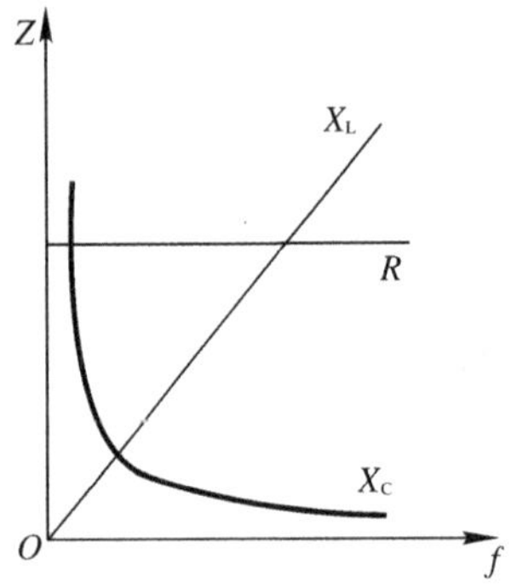

图 1.8.1

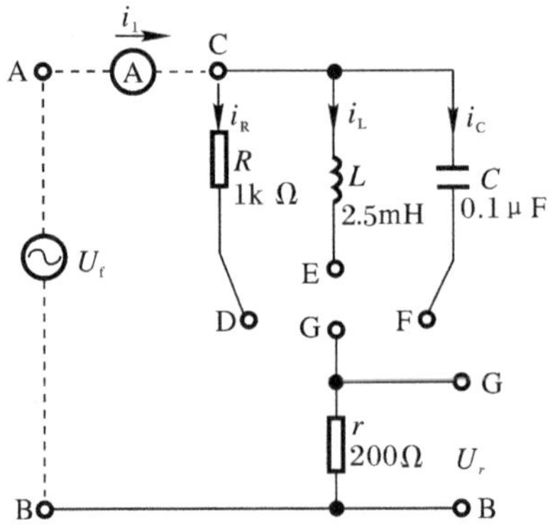

图 1.8.2

若用双踪示波器同时观察 r 与被测元件两端的电压，也就是展现出被测元件两端的电压和流过该元件电流的波形，从而可在荧光屏上测出电压与电流的幅度值及它们之间的相位差。

(3)将元件 R,L,C 串联或并联，也可用同样的方法测得 $Z_{串}$ 与 $Z_{并}$ 的阻抗频率特性 Z-f，根据电压、电流的相位差可判断 $Z_{串}$ 与 $Z_{并}$ 是感性还是容性负载。

(4)元件的阻抗角（即相位差 φ）随输入信号的频率变化而改变，将各个不同的频率下的相位差画在以频率 f 为横坐标，阻抗角 φ 为纵坐标的坐标纸上，并用光滑的曲线连接这些点，即得到阻抗角的频率特性曲线。

用双踪示波器测量阻抗角的方法如图 1.8.3 所示。

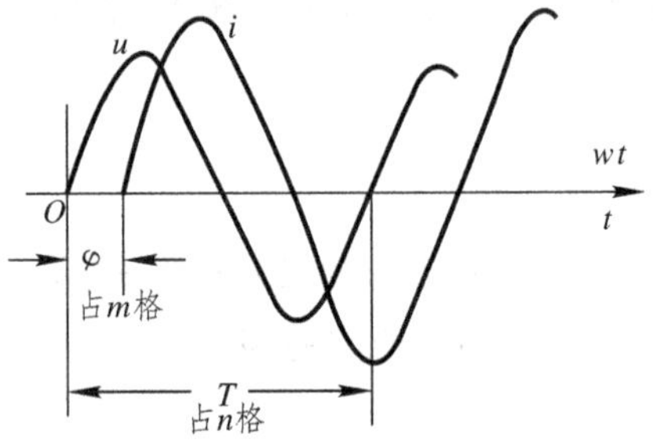

图 1.8.3

荧光屏上数得一个周期占 n 格，相位差占 m 格，则实际的相位差 φ（阻抗角）为

$$\varphi = m \times \frac{306}{n}(\text{度})$$

四、实验内容

(1)测量 R,L,C 元件的阻抗频率特性。

1)通过导线将函数信号发生器输出的正弦信号接至如图 1.8.2 所示的电路，作为激励源

U_f，并用交流毫伏表测量，使激励电压的有效值为 $U_f=3V$，并保持不变。

2）使信号源的输出频率从200Hz逐渐增至5kHz（用函数信号发生器设置输出频率），并用导线分别接通 R,L,C 三个元件，用交流毫伏表测量 U_r，并通过计算得到各频率点时的 R,X_L 与 X_C 之值，记入表1.8.1中。

表1.8.1

频率 f/kHz		1kHz	3kHz	5kHz
R（DG短接）	U_r/mV			
	I_R/mA $=U_r/r$			
	R/kΩ $=U_f/I_R$			
φ_R				
L（EG短接）	U_r/mV			
	I_L/mA $=U_r/r$			
	X_L/kΩ $=U_f/I_L$			
φ_L				
C（FG短接）	U_r/mV			
	I_C/mA $=U_r/r$			
	X_C/kΩ $=U_f/I_C$			
φ_C				

（2）用双踪示波器观察在不同频率下各元件阻抗角的变化情况。并记录在表1.8.1中。

（3）测量 R,L,C 元件并联的阻抗角频率特性，并记入表1.8.2中。

表1.8.2

频率 f/kHz	
n（格）	
m（格）	
φ/(°)	

五、实验报告要求

（1）根据测量数据计算得到各频率点时的 R,X_L 与 X_C 值，并绘制三个元件阻抗频率的特性曲线和三个元件并联的阻抗角频率特性曲线。

（2）总结归纳分析误差产生的原因。

六、思考题

（1）如何求得图1.8.2中各元件流过的电流？

（2）怎样用双踪示波器观察RL串联和RC串联电路阻抗角的频率特性？

第九节　变压器主要特性研究

一、实验目的

(1)了解互感电路同名端的测定方法。

(2)掌握变压器的使用方法。

二、实验仪器

(1)TKDL-1 电路分析实验箱。

(2)数字交流毫伏表。

(3)数字万用表。

三、实验原理

判断互感线圈同名端的方法:

(1)直流法。如图 1.9.1 所示电路,当开关 S 闭合瞬间,若毫安表的指针正偏则可断定"1""3"为同名端;指针反偏,则"1""4"为同名端。

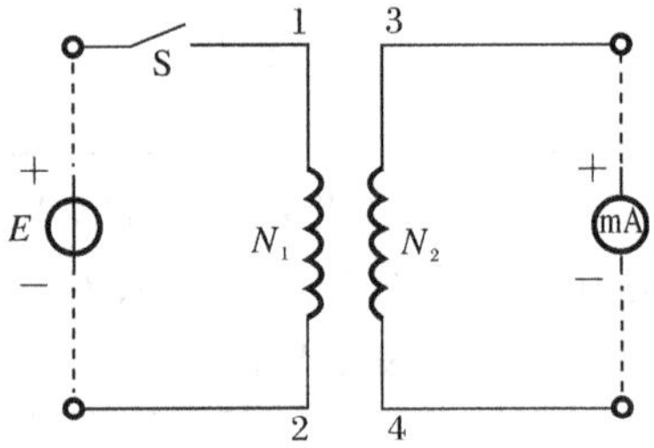

图 1.9.1

(2)交流法。图 1.9.2 所示电路中,将绕组 N_1 和 N_2 的"2""4"两端相连,在其中一个绕组(如 N_1)两端加一低电压,另一绕组(如 N_2)开路,用交流电压表分别测出端电压 U_{12},U_{34} 和 U_{13}。若 U_{13}是两个绕组端电压之差,则"1""3"为同名端;若 U_{13}是两个绕组端电压之和,则"1""4"为同名端。

四、实验内容

按图 1.9.3 所示接线,完成下述实验步骤:

1. 变压关系

H 点与 COM 点短接,B 点输入电压 U_{BH}分别为 AC 6V,AC 10V,AC 14V(用万用表的交流电压挡测试实际输入电压),用万用表的交流电压挡测量 C,G 两点的交流电压 U_{CG},测量结果记入表1.9.1中。

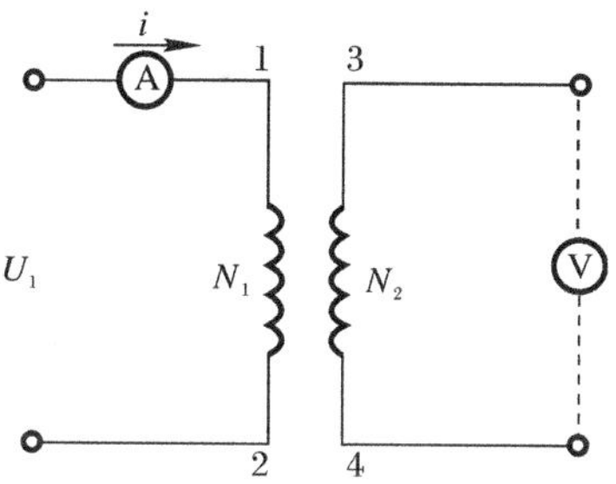

图 1.9.2

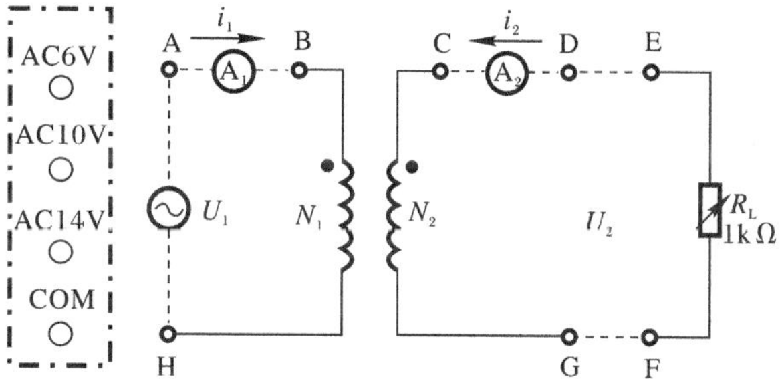

图 1.9.3

表 1.9.1

输入 U_{BH}			
输出 U_{CG}			

2. 变流关系

H 点与 COM 点短接，A 点输入电压 U_{AH} 分别为 AC 6V，AC 10V，AC 14V；D 点和 E 点，F 点和 G 点短接（变压器副边接入负载，其中负载 $R_L = 510\Omega$），分别用万用表的交流电流挡测量原边和副边的电流 i_1 和 i_2，并将测量结果记入表 1.9.2 中。

表 1.9.2

输入 U_{AH}	AC 6V	AC 10V	AC 14V
原边 i_1			
副边 i_2			

3. 变阻抗关系

H 点与 COM 点短接，A 点输入电压 U_{AH} 分别为 AC 6V，AC 10V，AC 14V（用万用表测试实际输入电压）；D 点和 E 点，F 点和 G 点短接（变压器副边接入负载），用万用表的交流电压挡测量 D，G 两点的交流电压 U_{DG}，分别用万用表的交流电流挡测量原边和副边的电流 i_1 和 i_2。通过调节负载 R_L 的值，分别再测量 U_{AH}，U_{DG}，i_1，i_2，并将测量结果记入表 1.9.3 中。通过这些测量的数值分别计算 Z_{IN} 和 Z_L。

通过以上测量的数值，代入相关的计算公式，就可以计算变压器的匝数比。

表 1.9.3

	R_L/Ω	300	1 000
AC 6V	原边 i_1		
	副边 i_2		
	输入 U_{AH}		
	输出 U_{CG}		
	Z_{IN}		
	Z_L		
AC 10V	原边 i_1		
	副边 i_2		
	输入 U_{AH}		
	输出 U_{CG}		
	Z_{IN}		
	Z_L		
AC 14V	原边 i_1		
	副边 i_2		
	输入 U_{AH}		
	输出 U_{CG}		
	Z_{IN}		
	Z_L		

五、实验报告要求

根据测量数据，解释实验中的互感现象。

第二章　仿真实验

第一节　直流电路的测量

一、实验目的

(1)学习 Multisim 的使用、电路图的输入、受控源的连接。
(2)学会使用电压表、电流表测量直流电压和电流。
(3)验证叠加定理。

二、实验器材

(1)PC 机一台。
(2)Multisim 器件:电压表 5 块、电流表 3 块、电阻 10 只、电压源 2 个、受控源 1 个。

三、实验原理与说明

1. 直流电路的测量

电路如图 2.1.1 所示,用电压表测量各电阻元件电压,用电流表测量各支路电流。图中 $U_{S1}=8V$,$U_{S2}=4V$,$R_1=62\Omega$,$R_2=100\Omega$,$R_3=100\Omega$,$R_4=30\Omega$,$R_5=20\Omega$。

2. 验证叠加定理

在 U_{S1}和 U_{S2}分别作用的电路中,重新测量各个电压和电流,并通过计算验证叠加定理。

3. 含受控源电路的测量

受控源是四端元件,图形符号如图 2.1.1 所示,左端是控制端,右端是电源端,图 2.1.1(a)为电压控制电流源,连接时,左端并联在控制元件两端,1mho 表示输出电源电流与输入控制电压之比,默认数值为 1,单位相当于西门子。

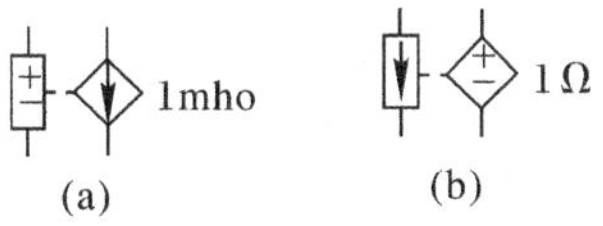

图 2.1.1　图形符号

双击该元件,在 Value 对话框下可以改变此数 (a) (b) 值和单位。图 2.1.1(b)所示为电流控制电压源,连接时,左端串联在控制支路里面,1Ω 表示输出电源,图 2.1.1 受控源电压与控制电流之比默认数值为 1，单位为欧姆。数值和参数的改变同（a）图的电压控制电流源。

含受控源电路如图 2.1.3 所示，测量各元件的电压和各支路的电流。

四、实验内容与步骤

1、直流电路的测量

（1）按照图 2.1.2 所示输入原理图。

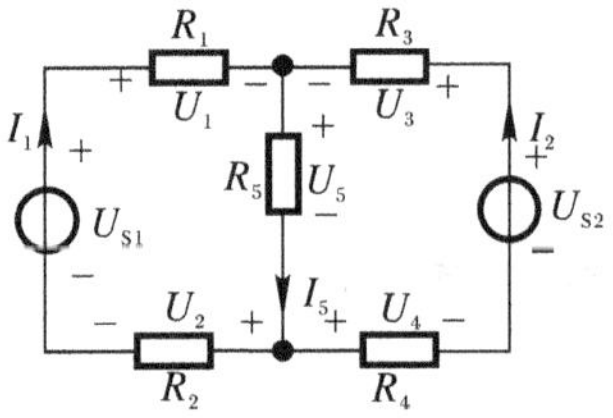

图 2.1.2　验证叠加定理

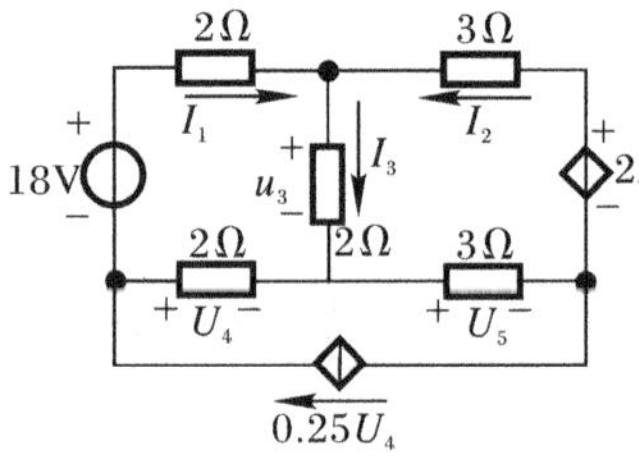

图 2.1.3　含受控源的电路

1）选择元件：打开信号源库，将电池拖出两个，参考点拖出一个，再打开基本器件库，拖出 5 个电阻。将所有元件按图 2.1.2 所示位置放置，将第五个电阻旋转 90°，旋转的方法是用鼠标左键点击图标或按下“Ctrl+R”键。

2）设置元件参数：双击要设置的元件，打开元件参数设置对话框，选择 Value 选项设置参数值和相应的单位。除参考点之外，其他元件都应根据原理图进行相应的设置。

3）导线的连接：将鼠标器指向元器件的端点使其出现一个黑点的十字，按下左键拖曳出一根导线，拉住导线并指向另一个元器件的端点使其出现黑点的十字，释放鼠标左键，则导线连接完成。连接完成后，导线将自动选择合适的走向，不会与其他元器件或仪器发生交越。当有三个元件连在一起时，只能从元件节点出发，引向已经连接两个节点的连线，此时会自动放置一个节点。

（2）正确接入电压表和电流表。从显示器件库中将电压表和电流表拖出，分别放在相应的位置上，电压表需要 5 块，电流表需要 3 块。然后将电压表并联在被测元件两端，将电流表串联在被测支路中，接入方法是将电流表拖曳放置在导线上，让表的引出线与原来的导线重合，然后释放即可将电流表插入电路中。如果表的引出导线不合适，可通过旋转操作调整。实际接线图如图 2.1.4 所示。

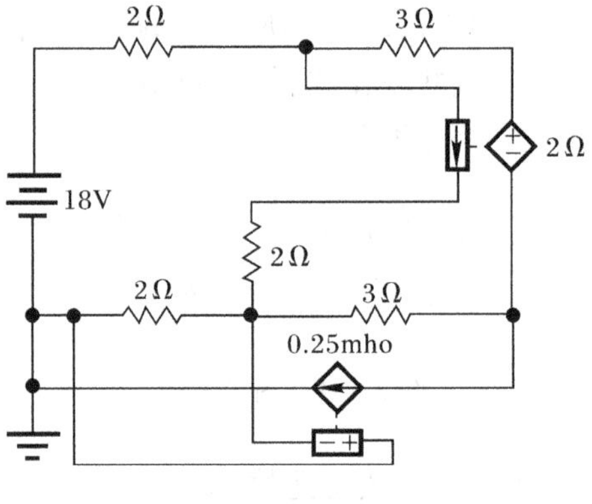

图 2.1.4　实际接线图

(3)打开启动/停止开关,每块表上都显示有数据,记录下各个仪表上显示的数据,填入表2.1.1中。

2. 验证叠加定理

(1)去掉图2.1.1中右边的电源 U_{S2},保留左边的电源 U_{S1},重新读取电压表和电流表上的数据并将其填入表2.1.1中。

(2)去掉图2.1.1中左边的电源 U_{S1},保留右边的电源 U_{S2},重新读取电压表和电流表上的数据,并将其填入表2.1.1中。

(3)计算各个对应的电压和电流,验证叠加定理。

3. 含受控源电路的测量

(1)按照图2.1.3所示输入原理图,方法同上,注意受控源的连接,输入完成的电路图如图2.1.4所示。

(2)接入电压表和电流表。

(3)打开启动/停止开关,记录各个仪表上显示的数据,并填入表2.1.2中。

表2.1.1　验证叠加定理数据

	U_1	U_2	U_3	U_4	U_5	I_1	I_2	I_3
双电源作用								
U_{S1}								
U_{S2}								

表2.1.2　含受控源电路的测量数据

I_1	I_2	I_3	I_4	I_5	U_3	U_4	U_5

五、注意事项

(1)所有的电路都必须接参考点,否则将不能进行仿真分析或分析的结果是错误的。

(2)刚从元器件库中拿出时,电压表上正下负,电流表左正右负。经过旋转后,选中时,有白线的一端为负。

六、上机练习

练习图2.1.5所示电路的输入和测量。

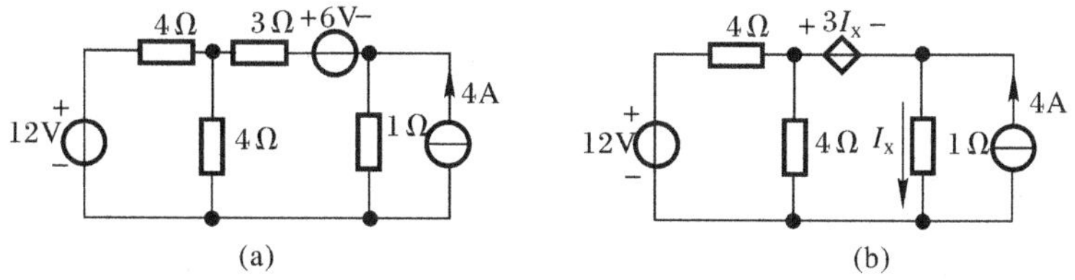

图2.1.5　练习图

第二节　求解戴维南和诺顿等效电路

一、实验目的

(1)学习电路图的输入和元件参数的设置。

(2)学习线性含源一端口网络等效电路参数的测量方法,验证戴维南定理的正确性。

二、实验器材

(1)PC 机一台。

(2)Multisim 器件:交流电压源一个,电阻、电容、电感各一个。

三、实验原理与说明

戴维南定理指出:任何一个线性含源一端口网络,对外部电路而言,总可以用一个理想电压源和电阻相串联的有源支路来代替。如图 2.2.1 所示,其理想电压源的电压等于原网络端口的开路电压 U_{0C},其电阻等于原网络中所有独立电源为零值时的入端等效电阻 R_i。

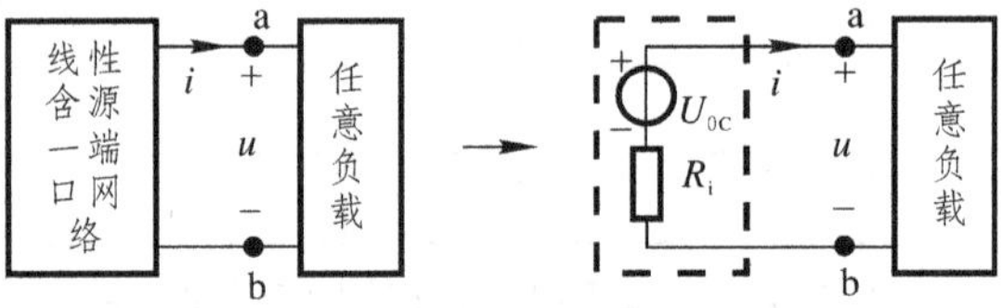

图 2.2.1

在 Multisim 中用电压表测量电路的端口电压,用电流表测量电路端口的短路电流,即可求得线性电路的戴维南和诺顿等效电路,设电路如图 2.2.2 所示,求其戴维南和诺顿等效电路。

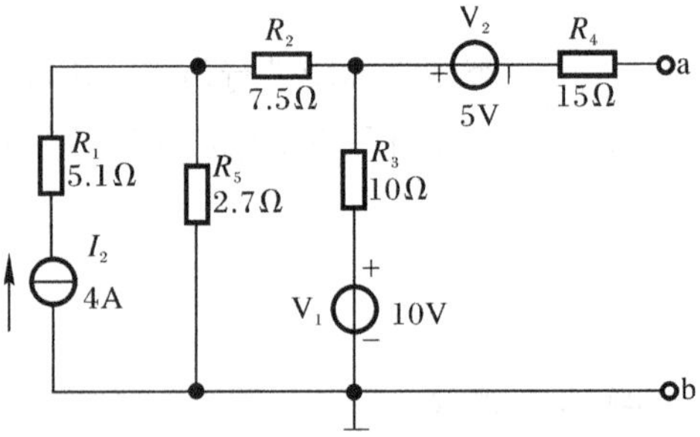

图 2.2.2　求解戴维南和诺顿等效电路

四、实验内容与步骤

(1) 编辑原理图电阻、电压源和电流源按照常规方式调用;节点 a,b 的端点通过启动 Place 菜单中的 Place Junction 命令获得;a,b 方字标识则在启动 Place 菜单中的 Place Text 后,在确定的位置上点击鼠标再输入所需的文字即可。

（2）从 Indicators 元件库中调出电压表，并接至端点 a，b。为了使电压表的接线端在上下位置，可右点击电压表图标，在弹出菜单中选择 90 Clockwise。还须打开电压表属性对话框，确定电压表的 Mode 为 DC。运行仿真开关，电压表显示电压为________V，这就是开路电压值。

（3）再从 Indicators 元件库中调出电流表，并接至端点 a，b。同样为了使电流表的接线端在上下位置，可右点击电流表图标，在弹出菜单中选择 90 Clockwise。还须打开电流表属性对话框，确定电流表的 Mode 为 DC。运行仿真开关，电流表显示的电流为________A，这就是短路电流值。

该电路的等效戴维南等效电阻 $R_{eq}=$________，画出戴维南和诺顿等效电路。

五、上机练习

对图 2.2.3 电路进行瞬态分析和交流频率分析，其中，$R=120\Omega$，$L=1.26\text{H}$，$C=3.5\mu\text{F}$，$U_S=220\text{V}$，$f=50\text{Hz}$。

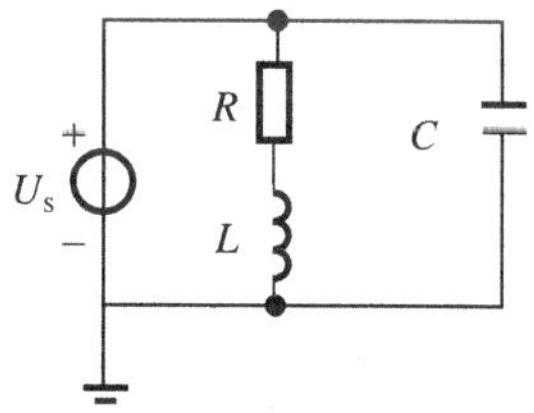

图 2.2.3

第三节　一阶电路的瞬态分析

一、实验目的

（1）学习时钟源的设置，用示波器观察分析电路的响应。
（2）观察 R，C 电路在零状态、零输入和方波激励情况下，响应的基本规律和特点。

二、实验器材

（1）PC 机一台。
（2）Multisim 器件：双踪示波器、时钟源、电阻、电容各一个。

三、实验原理与说明

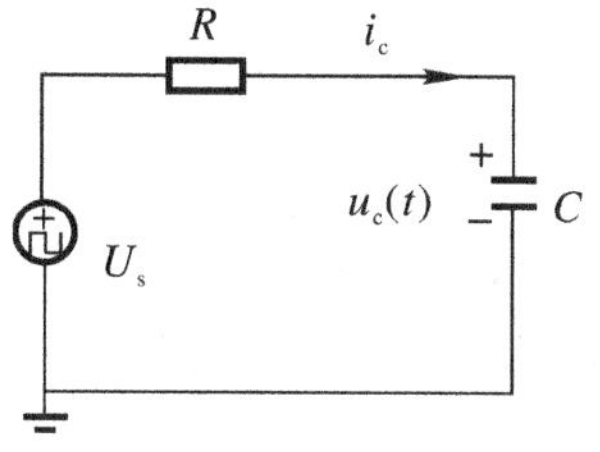

图 2.3.1　实验原理图

如图 2.3.1 所示。R,C 串联电路为一阶线性电路,输入为方波。适当选择方波的频率和电路的时间常数,可以观察到一阶电路的零输入响应、零状态响应和全响应曲线,要求用示波器和瞬态仿真分析两种方法。

(1) $U_S=2V$, $f=0.2Hz$, $R=1k\Omega$, $C=220\mu F$ 时,观察电容的电压随时间变化的响应曲线。

(2) $U_S=2V$, $f=1Hz$, R 和 C 不变时,观察电路的响应曲线。

(3) $U_S=2V$, $f=0.2Hz$, $R=8k\Omega$, $C=220\mu F$ 时,观察电路的响应曲线。

四、实验内容与步骤

(1)按图 2.3.1 所示输入实验电路,电源用时钟源。并按实验原理中 1 的要求对电路元件的参数进行设置。

(2)将示波器的 A 踪接电源正极端连接线设为蓝色,B 踪接电容的正极端连接线设为红色,双击示波器,然后按示波器面板上的“Expend”键,将“X 轴设置”设置为 0.2s/Div(0.2s 每格),A 踪和 B 踪的“Y 轴设置”都设置为 1s/Div,各个偏置均设为零。打开启动/停止开关,蓝色波形为电源的波形,红色为电容电压的波形。从波形上可以看到电容的充电和放电过程,即零状态响应曲线和零输入响应曲线。

(3)单击“Simulate”菜单中“Analyses”选项下的打开菜单,选择 Transient Analysis 命令,打开瞬态分析设置对话框,起始时间为零,终止时间设置为 1 ~ 2 个周期(5 ~ 10s),分析节点选 1,2 节点,然后按对话框中的“Simulate”键进行仿真分析,观察电路响应曲线。

(4)按电路原理中 2 的要求设置电路元件的参数,用两种方法观察电路响应的波形,分析各段是否为全响应曲线。

(5)按电路原理中 3 的要求设置电路元件的参数,用两种方法观察电路响应的波形,分析方波转变成三角波的原理。

(6)将所观察到的曲线记录下来。

五、上机练习

对 R,L 串联的一阶电路进行零输入、零状态、全响应的分析,观察响应曲线,电路参数自选。

第四节　三相电路的测量

一、实验目的

(1)掌握三相负载作星形连接、三角形连接的方法,验证这两种接法下线、相电压,线、相电流之间的关系。

(2)理解三相四线供电系统中中线的作用。

(3)学习 Multisim 的使用、子电路图的输入、三相电路的建立。

二、实验器材

(1)PC 机一台。

(2)Multisim 器件:示波器、时钟源、电阻、电感、电容各 1 个,电压表 2 块。

三、实验原理与说明

(1)三相电路的负载可接成星形(又称“Y”接)或三角形(又称“△”接),当三相对称负载作 Y 形连接时,线电压 U_1是相电压 U_P的 $\sqrt{3}$ 倍。线电流 I_1等于相电流 I_p,即

$$U_l = \sqrt{3}\ U_P$$

$$I_1 = I_P$$

对于对称的三相负载,当采用 Y 接法时,流过中线的电流 $I_0 = 0$,通常可以省去中线。

当对称三相负载作△连接时,有

$$I_l = \sqrt{3}\ I$$

$$U_1 = IU_P$$

(2)不对称三相负载作 Y 连接时,必须采用三相四线制接法,即 Y_0接法。而且中线必须牢固连接,以保证三相不对称负载的每相电压维持对称不变。倘若中线断开,会导致三相负载电压的不对称,致使负载轻的那一相的相电压过高,使负载遭受损坏;负载重的一相相电压又过低,使负载不能正常工作。尤其是对于三相照明负载,无条件地一律采用 Y_0接法。

(3)对于不对称负载作△连接时,$I_1 \neq \sqrt{3}\ I_P$,但只要电源的线电压 U_1对称,加在三相负载上的电压仍是对称的,对各相负载工作没有影响。

四、实验内容与步骤

1. 建立三相电源子电路

Multisim 元件库中没有三相电源,需要用 3 个相同电压、不同相位的交流电压源组合成 Y 形来实现。如把这样的组合设计成一个子电路,将给电路图的编辑带来极大方便。

按照如图 2.4.1 所示的电路连接好三相电源电路,其中 B 相的初相角不能设置成-120°,只能用 240°来表示;启动 Place 菜单中 Place Input/Output 命令,引人 4 个输出端,并重新对这 4 个输出端进行命名。再启动 Edit 菜单中 Select All 命令,选中图中所有部件后,启动 Replace by Subcircuit 命令,在出现的对话框 Subcircuit Name 中输入子电路名 3Phsource。点击 OK 即可得如图 2.4.2 所示的子电路。

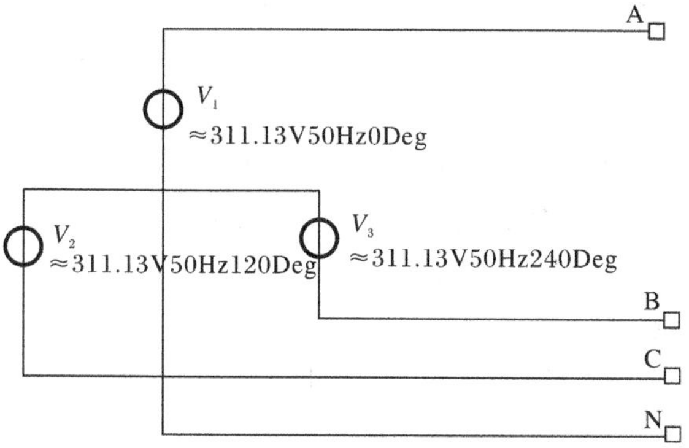

图 2.4.1 三相电源

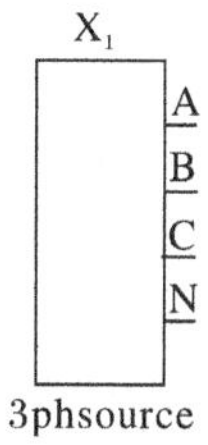

图 2.4.2 三相电源子电路

2. 三相电源相序测法

在三相电路的实际应用中，有时需要能正确判别三相电源的相序。如图 2.4.3 所示的三相电源，假设原先不知道其相序，Multisim 环境下可通过观察如图所示电路中的两个示波器上的波形来确定。

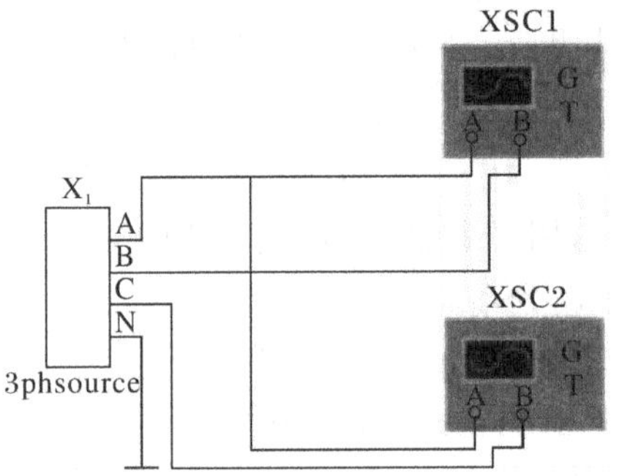

图 2.4.3　三相电源相序测法 1

但在实际应用中，由于三相电源的电压较高，不宜使用这种方法。常规的做法是用一个电容与两个灯泡组成如图 2.4.4 所示的测试电路进行测定。

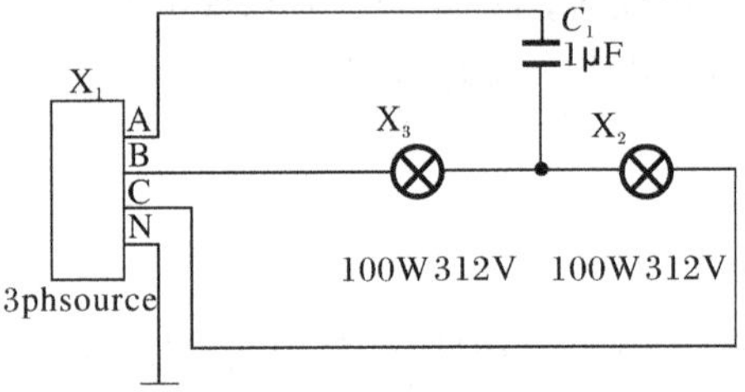

图 2.4.4　三相电源相序测法 2

该电路的工作原理请参考有关教材，如邱关源主编的《电路》第四版上册第 256 页，其结论是：如果电容所接的相称之为 A 相，则灯光较亮的是 B 相，较暗的是 C 相。相序是 A—B—C。在 Multisim 中编辑该原理图时应注意：Multisim 的现实灯泡元件的工作电压不符合我国的电压标准，而且属于交互式元件（interactive components），用户不能随便改动其模型参数，因而只能选取可以设置参数值的虚拟灯泡（virtual lamp），用灯泡显示的电压是指最大值而不是习惯上所指的有效值，故这里取 $220\times\sqrt{2}=312\text{V}$。

仿真过程中，灯泡正常工作时应一闪一闪地动作，电压较高时灯泡上下都有光线出现，电压较低时仅一边有光线。如电压过高灯泡就会烧毁，这时灯泡已报废，不可“修复”，只有将其删除，从元件库中调入另一个新灯泡；如电压过低，则灯泡不亮。

3. 观察三相负载变化对三相电路的影响

三相电路的负载连接方式分为 Y 形（又称为星形）和面形（即三角形）两种。三相负载的对称性对三相电路的工作状态有较大的影响。图 2.4.5 所示是 Y 形连接的电路，通过适当地设置，可进行下述指标的测量或观察：

（1）有中线时电路的电流和电压。

(2)无中线时电路的电流和电压。

(3)有中线时,将其中的一相负载断开,测量电路的电流、电压。

(4)无中线时,将其中的一相负载断开,观察电路出现的现象。

(5)有中线时,将其中的一相负载短路,测量电路的电流、电压。

(6)无中线时,将其中的一相短路,观察电路出现的现象。

(7)有中线时,将其中的一相负载再并联上一只同样的灯泡,观察电路出现的现象。

(8)无中线时,将其中的一相负载再并联上一只同样的灯泡,观察电路出现的现象。

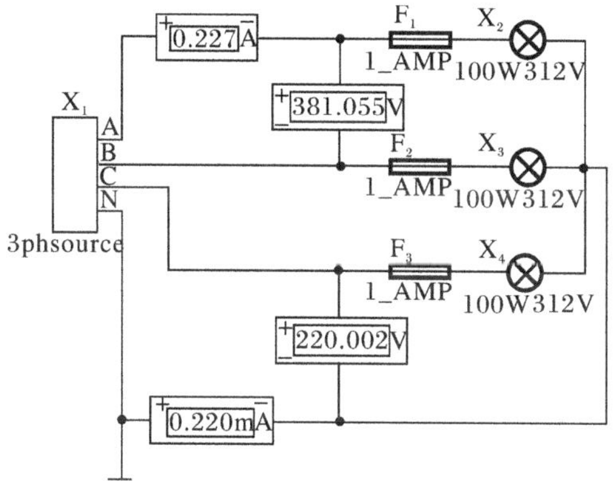

图2.4.5　Y形连接的三相电路

编辑图2.4.5中所示的电路原理图时应注意:电压表和电流表应设置成AC模式,显示的读数为有效值。

4.测量三相电路功率

测量三相电路的功率可以使用三只瓦特表分别测出三相负载的功率,然后将其相加得到,这在电工上称之为"三瓦法"。还有一种方法在电工上也是常用的,即所谓"两瓦法",其接法如图2.4.6所示,这里选取三相电动机为负载。这两个瓦特表的读数自身没什么意义,两表读数之和却等于三相负载的总功率。

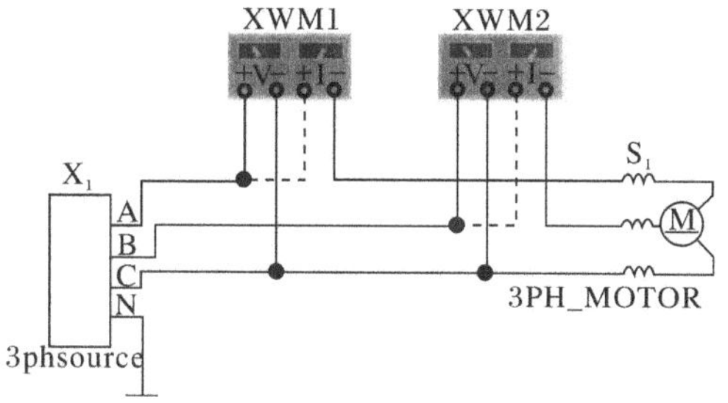

图2.4.6　"两瓦法"测试电路

编辑原理图时,要特别注意两个瓦特表的接法。同时,从Electro_Mechanical元件库的

Output Devices 元件箱中取出 3PH_MOTOR,如果直接接到相电压为 220V 的三相电源上,其功率将达数十千瓦,不太合理,可设法修改其相关模型参数。双击原理图上的 3PH _MOTOR,在其属性对话框中点击 Edit Model 按钮,出现对话框。将其中的 R_1,R_2 和 R_3 所取的 2 改成 200 后,点击 Change Part Model 按钮即可。运行仿真开关,两瓦特表显示的数值,所以总功率为________。

第三章　综合实验

第一节　正弦稳态交流电路相量的研究

一、实验目的

(1)研究正弦稳态交流电路中电压、电流相量之间的关系。

(2)掌握日光灯线路的接线及日光灯工作原理。

(3)理解改善电路功率因数的意义并掌握其方法。

二、实验仪器

(1)TKDL-1 电路分析实验箱。

(2)数字万用表。

(3)功率表。

(4)自耦调压器。

(5)镇流器与 40W 灯管配用。

(6)启辉器与 40W 灯管配用。

(7)日光灯灯管,40W。

(8)白炽灯,15W/220V。

三、实验原理

(1)在单相正弦交流电路中,用交流电流表测得各支路的电流值,用交流电压表测得回路各元件两端的电压值,它们之间的关系满足相量形式的基尔霍夫定律,即

$$\sum_{k=1}^{n} I_k = 0 \quad , \quad \sum_{k=1}^{n} U_k = 0$$

(2)如图 3.1.1 所示的 RC 串联电路,在正弦稳态信号 u 的激励下,u_R 与 u_C 保持有 90°的相位差,即当阻值 R 改变时,u_R的相量轨迹是一个半圆,u,u_R 与 u_C三者相量形成一个直角形的电压三角形。R 值改变时,可改变 φ 角的大小,从而达到移相的目的。

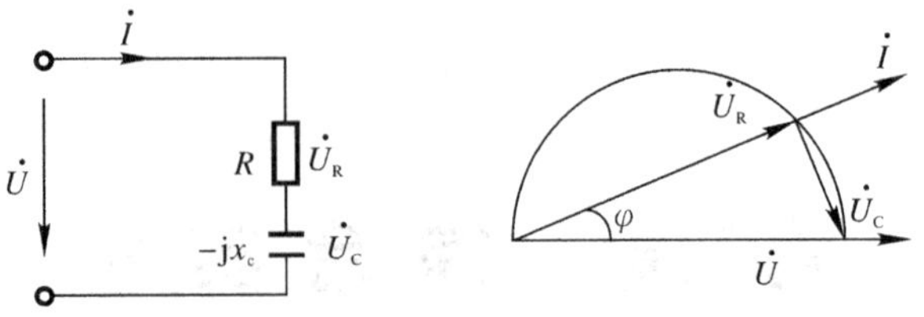

图 3.1.1

(3) 日光灯线路如图 3.1.2 所示，图中 A 是日光灯管，L 是镇流器，S 是启辉器，C 是补偿电容器，用以改善电路的功率因数（$\cos\varphi$ 值）。有关日光灯的工作原理请自行翻阅有关资料。

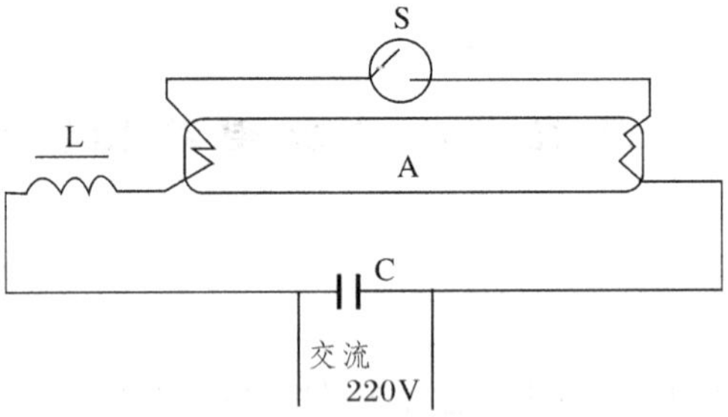

图 3.1.2

四、实验内容

(1) 用一只 220V，15W 的白炽灯泡和 2.2μF/400V 电容器组成如图 3.1.1 所示的实验电路，经指导教师检查后，接通市电，将自耦调压器输出调至 220V。记录 U，U_R，U_C 值，验证电压三角形关系。

表 3.1.1

测量值			计算值
U/V	U_R/V	U_C/V	$\cos\varphi$

(2) 日光灯线路接线与测量。按图 3.1.3 所示组成线路，经指导教师检查后接通市电交流 220V 电源，调节自耦调压器的输出，使其输出电压缓慢增大，直到日光灯刚启辉点亮为止，记下三表的指示值。然后将电压调至 220V，测量功率 P，电流 I，电压 U，U_L，U_A 等值，验证电压、电流相量关系。

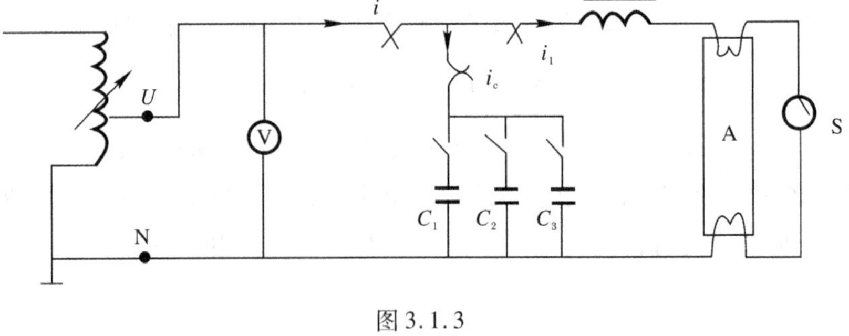

图 3.1.3

测量功率,电流的仪表接线如图 3.1.4 所示。

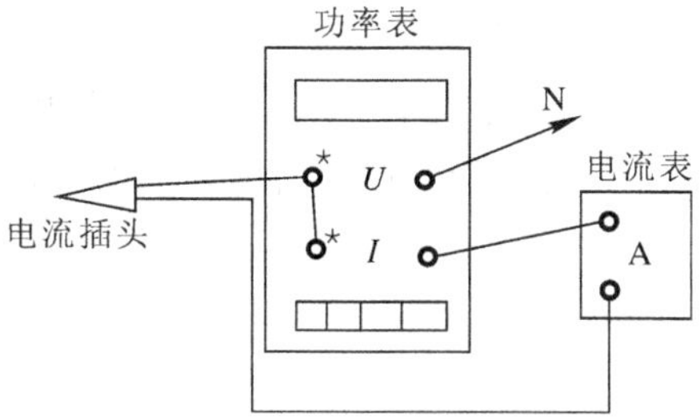

图 3.1.4

(3)并联电路——电路功率因数的改善。在调压器输出电压为 220V 时,通过三个电流插座测量各支路电流,改变电容值,重复测量。

表 3.1.2

电容值/μF	测量值					计算值
	P/W	U/V	I/A	I_L/A	I_C/A	$\cos\varphi$
0						
1						
2.2						
2.2+1						
4.7						
4.7+1						
4.7+2.2						
4.7+2.2+1						

五、实验报告要求

(1)完成数据表格中的计算,并列出计算公式。

(2)根据实验数据,分别绘出电压、电流相量图,验证相量形式的基尔霍夫定律。

(3)讨论改善电路功率因数的意义和方法。

(4)总结装接日光灯线路的心得体会及其他。

六、思考题

(1)参阅课外资料,了解日光灯的启辉原理。

(2)在日常生活中,当日光灯上缺少了启辉器时,人们常用一根导线将启辉器的两端短接一下,然后迅速断开,使日光灯点亮;或用一只启辉器去点亮多只同类型的日光灯,这是为什么？

(3)为了提高电路的功率因数，常在感性负载上并联电容器，此时增加了一条电流支路，试问电路的总电流是增大还是减小，此时感性元件上的电流和功率是否改变？

(4)提高线路功率因数为什么只采用并联电容器法，而不用串联法？所并的电容器是否越大越好？

(5)说明什么是欠补偿、全补偿、过补偿？

第二节 RLC 串联谐振电路

一、实验目的

(1)加深对串联谐振电路特性的理解。

(2)学习测定 R,L,C 串联谐振电路的频率特性曲线。

二、实验仪器

(1)数字万用表。

(2)TKDL-1 电路分析实验箱。

(3)函数信号发生器。

(4)数字示波器。

(5)数字交流毫伏表。

三、实验原理

1. L,C 串联电路的阻抗是电源角频率 ω 的函数

$$\mathbf{Z}=R+\mathrm{j}(\omega L-\frac{1}{\omega C})=|\mathbf{Z}|\angle\varphi$$

当 $\omega L-\frac{1}{\omega C}=0$ 时，电路处于串联谐振状态，谐振角频率为

$$\omega_0=\frac{1}{\sqrt{LC}}$$

谐振频率为

$$f_0=\frac{1}{2\pi\sqrt{LC}}$$

显然，谐振频率仅与元件 L,C 的数值有关，而与电阻 R 和激励电源的角频率 ω 无关。

2. 电路处于谐振状态时的特性

(1)由于回路总电抗 $X_0=\omega_0 L+\frac{1}{\omega_0 C}=0$，因此，回路阻抗 Z_0 为最小值，整个电路相当于一

个纯电阻电路，激励电源的电压与回路的响应电流同相位。

(2)因为感抗 $\omega_0 L$ 与容抗 $\dfrac{1}{\omega_0 C}$ 相等，所以电感上的电压 U_L 与电容上的电压 U_C 数值相等，相位相差 180°。电感上的电压(或电容上的电压)与激励电压之比称为品质 Q，即

$$Q=\frac{U_L}{U_S}=\frac{U_C}{U_S}=\frac{\omega_0 L}{R}=\frac{\frac{1}{\omega_0 C}}{R}=\frac{\sqrt{\frac{L}{C}}}{R}$$

在 L 和 C 为定值的条件下，Q 值仅仅取决于回路电阻 R 的大小。

(3)在激励电压值(有效值)不变的情况下，回路中的电流 $I=\dfrac{U_S}{R}$ 为最大值。

3. 串联谐振电路的频率特性

回路的响应电流与激励电源的角频率的关系称为电流的幅频特性(表明其关系的图形为串联谐振曲线)，表达式为

$$I(\omega)=\frac{U_S}{\sqrt{R^2+\left(\omega L-\frac{1}{\omega C}\right)^2}}=\frac{U_S}{R\sqrt{1+Q^2\left(\frac{\omega}{\omega_0}-\frac{\omega_0}{\omega}\right)^2}}$$

当电路的 L 和 C 保持不变时，改变 R 的大小，可以得出不同 Q 值的电流的幅频特性曲线(见图 3.2.1)。显然，Q 值越高，曲线越尖锐。

为了反映一般情况，通过研究电流比 I/I_0 与角频率比 ω/ω_0 之间的函数关系，即所谓通用幅频特性。其表达式为

$$\frac{I}{I_0}=\frac{1}{\sqrt{1+Q^2\left(\frac{\omega}{\omega_0}-\frac{\omega_0}{\omega}\right)^2}}$$

I_0 为谐振时的回路响应电流。

图 3.2.2 画出了不同 Q 值时的通用幅频特性曲线。显然 Q 值越高，在一定的频率偏移下，电流比下降得越厉害。

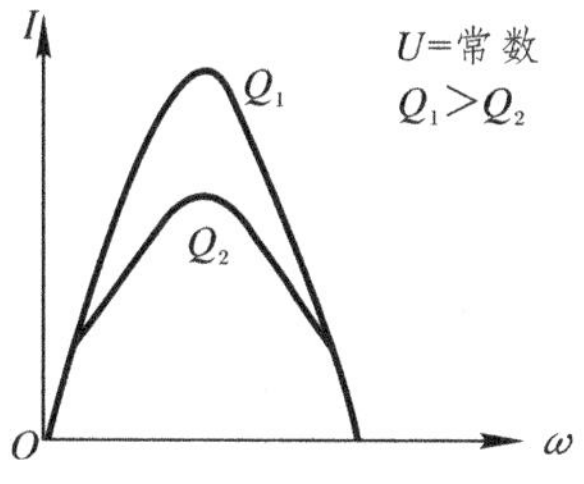

图 3.2.1

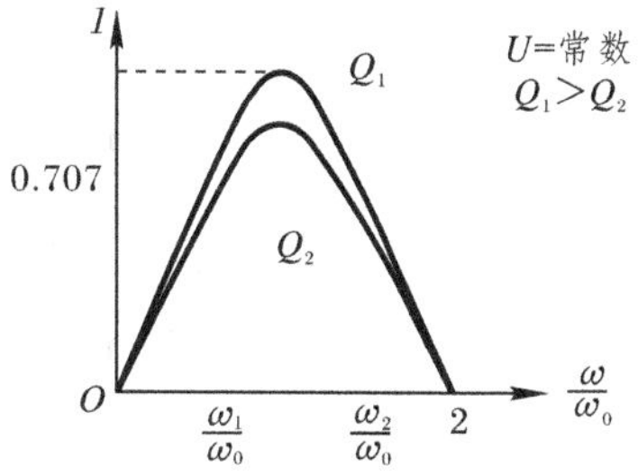

图 3.2.2

幅频特性曲线可以计算得出，或用实验方法测定。

4. 谐振电路中,电感电压和电容电压

$$U_L = I\omega L = \frac{\omega_L U_S}{\sqrt{R^2 + \left(\omega L - \frac{1}{\omega_C}\right)^2}}$$

$$U_C = I\frac{1}{\omega C} = \frac{U_S}{\omega C\sqrt{R^2 + \left(\omega_L - \frac{1}{\omega_C}\right)^2}}$$

显然,U_L 和 U_C 都是激励源角频率 ω 的函数;$U_L(\omega)$ 和 $U_C(\omega)$ 曲线如图 3.2.3 所示。

当 $Q>0.707$ 时,U_C 和 U_L 才能出现峰值,U_C 的峰值出现在 $\omega<\omega_0$ 处,U_L 的峰值出现在 $\omega=\omega_L>\omega_0$ 处。Q 值越高,出现峰值处离 ω_0 越近。

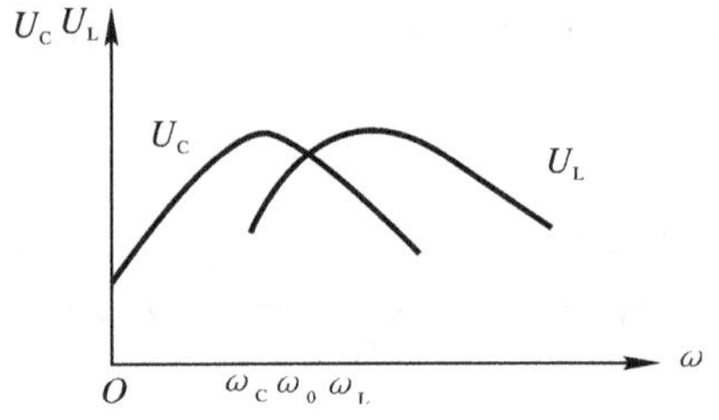

图 3.2.3

四、实验内容

(1)测量 R,L,C 串联电路响应电流的幅频特性曲线和 $U_L(\omega)$,$U_C(\omega)$ 曲线。

按图 3.2.4 所示接线。在实验过程中要始终保持低频信号发生器输出电压 $U_S=2V$ 不变,测量不同频率下的 U_R,U_L 和 U_C 值。

为了取点合理,可先将频率由低到高初测一次,注意找出谐振频率 f_0(U_R 最大点)以及出现 U_C 和 U_L 最大值时的频率 f_C 和 f_L。初测曲线草图画在图 3.2.5 中。然后,再根据曲线形状选取频率,进行正式测量。将数据记录于表 3.2.1 中。

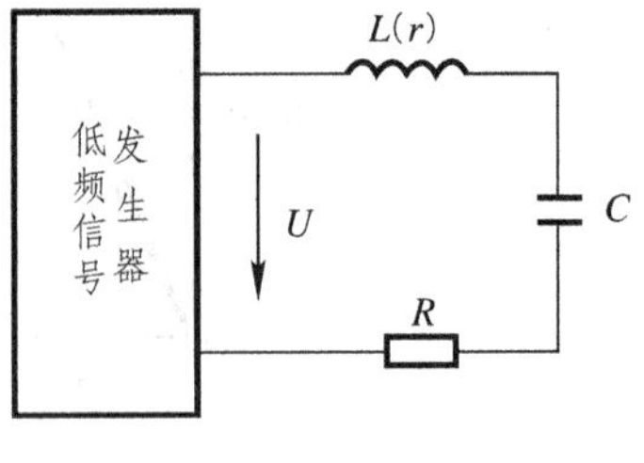

图 3.2.4

其中:$U=2V$,$R=300\Omega$,$C=0.01\mu F$,$L=2.5mH$,$\gamma=10\Omega$。

表 3.2.1

f/H_Z						
U_R/V						
U_C/V						
U_L/V						

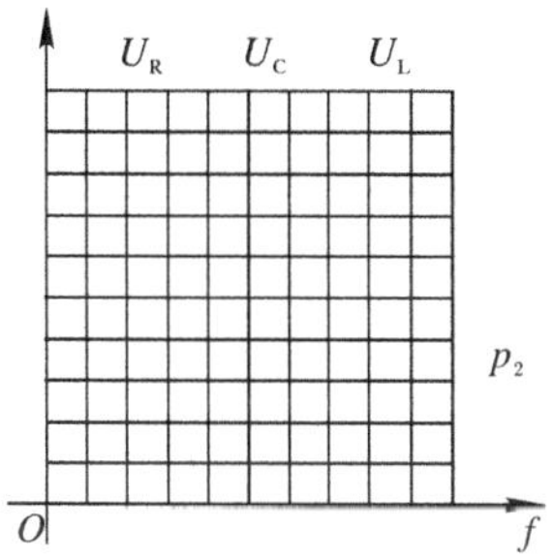

图 3.2.5

(2)保持 U_S 和 L,C 数值不变,改变电阻 R 的数值(即改电路 Q 值),取 $R=800\sim1\ 000\Omega$,重复上述实验,并将 U_R 的数据记录于表 3.2.2 中。

表 3.2-2

f/H_Z						
U_R/V						

五、实验报告要求

(1)根据实验数据,在坐标纸上绘出不同 Q 值下的通用幅频特性曲线,以及 $U_C(\omega)$,$U_L(\omega)$ 曲线。

(2)计算 Q,I_0,f_0 的数值并与实验数值相比较。

(3)根据实验结果总结 R,L,C 串联谐振电路的主要特点。

六、思考题

(1)怎样判断串联电路已经处于谐振状态?

(2)对于通过实验获得的谐振曲线,分析电路参数对它的影响。

(3)说明通频带与品质因数及选择性之间的关系。

(4)怎样利用表 3.2.1 中的数据求得电路的品质因数 Q?

(5)电路谐振时,电感和电容的端电压比信号源的输出电压要高,为什么?

第三节　双T型RC网络的研究

一、实验目的

(1)测定RC电路的频率特性,并了解其应用意义。

(2)熟悉文氏电桥电路的结构特点及其应用。

(3)学会用交流毫伏表和示波器测定文氏电桥电路的幅频特性和相频特性。

(4)熟练使用低频信号发生器和交流毫伏表。

二、实验仪器

(1)数字万用表。

(2)TKDL-1电路分析实验箱。

(3)函数信号发生器。

(4)数字示波器。

(5)数字交流毫伏表。

三、实验原理

在交流电路中,电容元件的容抗和电感元件的感抗都与频率有关,当电源电压(激励)的频率改变时(即使电压的幅值不变),电路中电流和各部分电压(响应)的大小和相位也随之改变。响应与频率的关系称为电路的频率特性或频率响应。首先讨论由R,C组成的几种滤波电路。所谓滤波就是利用容抗或感抗随频率而改变的特性,对不同频率的输入信号产生不同的响应,让需要的某一频带信号通过,而抑制不需要的其他频率信号。

1. RC低通滤波电路(见图3.3.1)

RC低通滤波电路如图3.3.1所示。

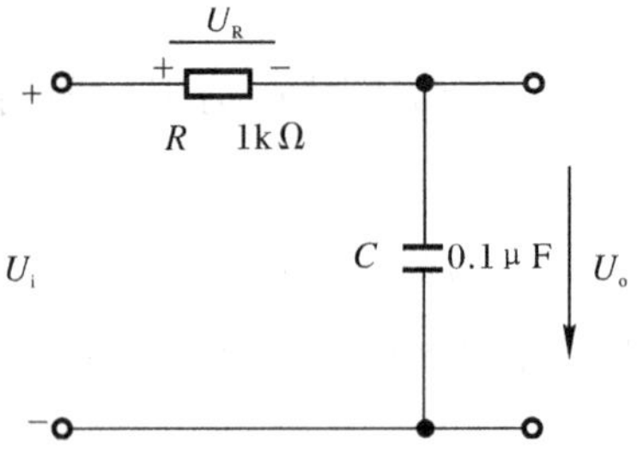

图3.3.1　RC低通滤波电路

RC低通滤波电路输出信号取自电容两端,电路输出电压与输入电压的比值称为电路的转移函数或传递函数,用$T(j\omega)$表示,它是一个复数。

$$T(j\omega)=\frac{\dot{U}_0}{\dot{U}_I}=\frac{\frac{1}{j\omega C}}{R+\frac{1}{j\omega C}}=\frac{1}{j\omega RC}=|T(j\omega)|\angle\varphi(\omega)$$

设 $\omega_0=\dfrac{1}{RC}$ 则

$$T(j\omega)=\frac{\dot{U}_0}{\dot{U}_I}=\frac{1}{\sqrt{1+(\omega RC)^2}}\angle\varphi(\omega)=\frac{1}{\sqrt{1+(\frac{\omega}{\omega_0})^2}}\angle\varphi(\omega)$$

$|T(j\omega)|$ 随 ω 变化的特性称为幅频特性，$\varphi(\omega)$ 随 ω 变化的特性称为相频特性，两者统称为频率特性。

在实际应用中，输出电压不能下降过多。通常规定：当输出电压下降到输入电压的 70.7%，即 $|T(j\omega)|$ 下降到 0.707 时为最低限度。此时，$\omega=\omega_0$，而将频率范围 $0<\omega<\omega_0$ 称为通频带，ω_0 称为截止频率，它又称为半功率点频率。

当 $\omega<\omega_0$ 时，$|T(j\omega)|$ 变化不大，接近于1；当 $\omega>\omega_0$ 时，$|T(j\omega)|$ 明显下降。这表明上述 RC 电路具有使低频信号较易通过而抑制较高频率信号的作用，故称为低通滤波电路。

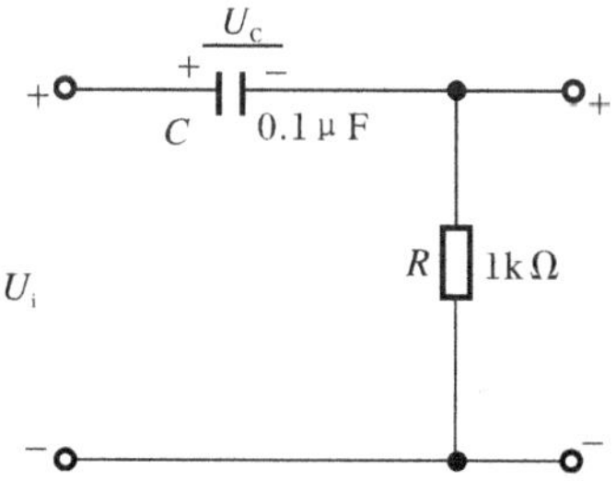

图 3.3.2　RC 高通滤波电路

2. RC 高通滤波电路

RC 高通滤波电路如图 3.3.2 所示，输出信号取自电阻两端，电路的传递函数为

$$T(j\omega)=\frac{\dot{U}_0}{\dot{U}_i}=\frac{R}{R+\frac{1}{j\omega C}}=\frac{j\omega RC}{1+j\omega RC}=|T(j\omega)|\angle\varphi(\omega)$$

设 $\omega_0=\dfrac{1}{RC}$，则

$$T(j\omega)=\frac{\dot{U}_0}{\dot{U}_i}=\frac{1}{\sqrt{1+(\frac{1}{\omega RC})^2}}\angle\varphi(\omega)=\frac{1}{\sqrt{1+(\frac{\omega_0}{\omega})^2}}\angle\varphi(\omega)$$

上述 RC 电路具有使高频信号较易通过而抑制较低频率信号的作用，故常称为高通滤波电路。

3. RC 串并联选频网络

RC 串并联选频网络如图 3.3.3 所示。文氏电桥电路是一个 RC 串并联电路，该电路结构简单，被广泛应用于低频振荡电路中作为选频环节，可以获得高纯度的正弦波电压。用函数信号发生器的正弦输出信号作为图 3.3.3 的激励信号 U_i，在保持 U_i 值不变的情况下，改变输入信号的频率 f，用交流毫伏表或示波器测出输出端相应于各个频率点下的输出电压 U_o 的值，将这些数据画在以频率 f 为横轴，U_o 为纵轴的坐标纸上，用一条光滑的曲线连接这些点，该曲线就是上述电路的幅频特性曲线。

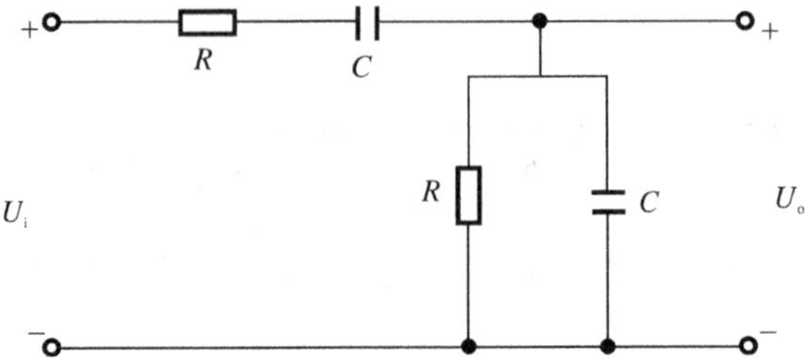

图 3.3.3　RC 串并联电路

文氏电桥的一个特点是其输出电压幅度不仅会随输入信号的频率而改变，而且还会出现一个与输入电压同相位的最大值，如图 3.3.4(a)所示。

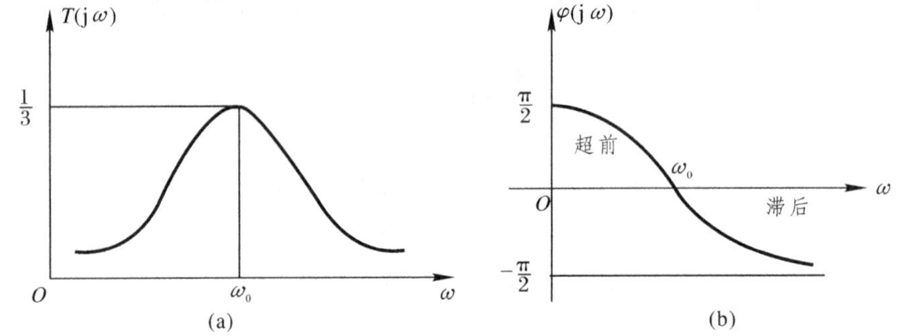

图 3.3.4　带通滤波电路的频率特性

由电路分析得知，该电路的频率特性为

$$T(\mathrm{j}\omega)=\frac{\dot{U}o}{\dot{U}_{\mathrm{i}}}=\frac{1}{\left(1+\frac{R_1}{R_2}+\frac{C_1}{C_2}\right)+\mathrm{j}\left(\omega R_1C_1-\frac{1}{\omega R_2C_2}\right)}$$

若取 $R_1=R_2=R,C_1=C_2=C$，则

$$T(\mathrm{j}\omega)=\frac{\dot{U}o}{\dot{U}_{\mathrm{i}}}=\frac{1}{3+\mathrm{j}\left(\omega RC-\frac{1}{\omega RC}\right)}$$

当 $\omega=\omega_0=\frac{1}{RC}$ 时，即 $f=f_0=\frac{1}{2\pi RC}$ 时，电路呈谐振状态，f_0 称电路固有频率。

此时，Uo 与 U_{i} 同相位，$T(\mathrm{j}\omega)=\frac{\dot{U}o}{\dot{U}_{\mathrm{i}}}=\frac{1}{3}$，频率特性如图 3.3.4(b)所示。由图 3.3.4(a)可知，RC 串并联电路具有带通特性。当 $\omega>\omega_0$，Uo 滞后于 U_{i}，$\omega<\omega_0$，Uo 超前于 U_i。

4. RC 双 T 选频网络

如图 3.3.5 所示是一个 RC 双 T 选频网络，它的特点是在一个较窄的频带内有极显著的带阻特性。一般情况下，RC 双 T 选频网络的元件的量值都取简单的对称关系。用同样方法可以测量 RC 双 T 选频网络的幅频特性。

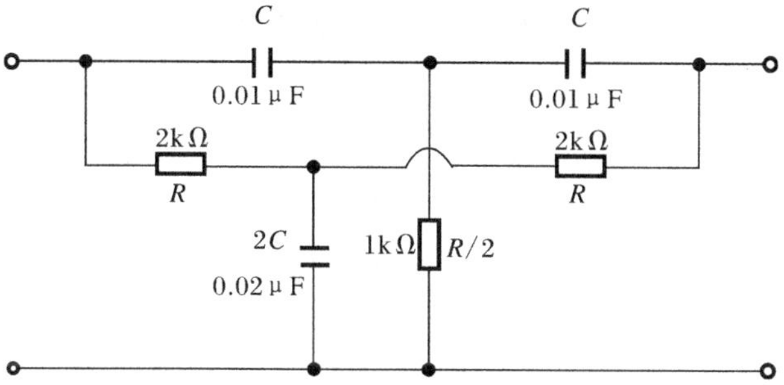

图 3.3.5 RC 双 T 选频网络电路图

用函数信号发生器的正弦输出信号作为图 3.3.5 的激励信号 U_i，在保持 U_i 值不变的情况下，改变输入信号的频率 f，用交流毫伏表或示波器监视 U_i 并测出输出端相应于各个频率点下的输出电压 U_o 的值，将这些数据画在以频率 f 为横轴，U_o 为纵轴的坐标纸上，用一条光滑的曲线连接这些电压，该曲线就是上述电路的幅频特性曲线。其幅频特性曲线如图 3.3.6 所示。

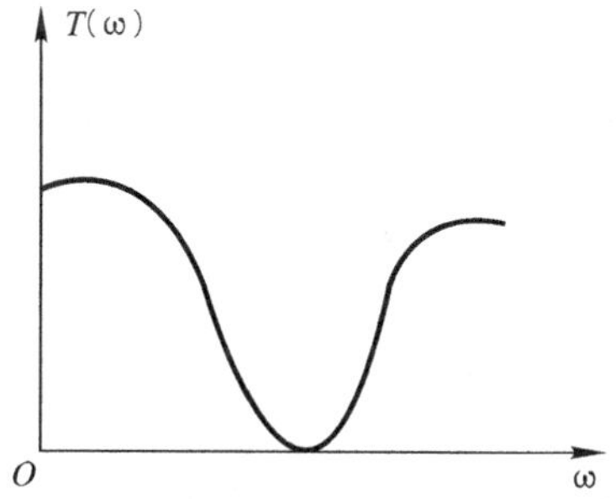

图 3.3.6 RC 双 T 选频网络幅频特性曲线

5. 绘制被测电路的相频特性曲线

在正弦稳态情况下，网络的响应相量与激励相量之比称为频域网络函数。当频率为截止角频率时，即 $f=f_0$ 时，幅频特性有最大值 1/3，相频特性为 0，这正是称为选频网络的原因所在。实验中可根据输入电压与输出电压同相位确定预选频率 f_0。

将上述电路的输入和输出分别接到双踪示波器的 Y_A 和 Y_B 两个输入端，改变输入正弦信号的频率，观测相应的输入和输出波形间的时延 τ 及信号的周期 T，则两波形间的相位差为

$$\varphi = \frac{\tau}{t} \times 360° = \varphi_o - \varphi_i \text{（输出相位与输入相位之差）}$$

将各个不同频率下的相位差 φ 测出，即可绘出被测电路的相频特性曲线，如图 3.3.4(b) 所示。

四、实验内容

1. 低通电路测试

按图 3.3.1 所示电路接线，$R=1\text{k}\Omega$，$C=0.1\mu\text{F}$，改变信号源的频率 f(由频率计读得)，保持 $U_i=3\text{V}$(有效值)，分别测量表 3.3.1 中所列频率下的 U_{o1}。

表 3.3.1 低通电路实验数据

序 数	1	2	3	4	5	6	7	8	9	10
f/H_Z	50	100	200	500	1 000	1 300	1 600	1 800	2 000	5 000
U_i/mV										
U_{o1}/mV										

2. 高通电路测试

按图 3.3.2 所示电路接线，$R=1k\Omega$，$C=0.1\mu F$，改变信号源的频率f(由频率计读得)，保持 $U_i=3V$(有效值)，测 U_{o2}值填入表 3.3.2 中。

表 3.3.2 高通电路实验数据

序 数	1	2	3	4	5	6	7	8	9	10
f/H_Z	100	500	1 000	1 300	1 600	2 500	4 000	5 000	10 000	20 000
U_i/mV										
U_{o1}/mV										

3. RC 选频网络的幅频特性测试

(1)在实验板上按图 3.3.3 所示电路选取一组参数(如 $R=1k\Omega$，$C=0.1\mu F$)。

(2)调节信号源的输出电压为 3V 的正弦信号，接入图 3.3.3 所示的输入端。

(3)改变信号源的频率f(由频率计读得)，并保持 $U_i=3V$(有效值)不变，测量输出电压 U_o(可先测量$\beta=\frac{1}{3}$时的电路频率，然后再在f_0 左右设置其他频率点测量 U_o)。将数据记入表 3.3.3 中。

(4)可另选一组参数(如令 $R=200\Omega$，$C=2.2\mu F$)，重复测量一组数据。将数据记入表 3.3.3中。

表 3.3.3 RC 选频网络的幅频特性测试

$R=1k\Omega$，$C=0.1\mu F$															
f/H_Z	300	700	1 000	1 100	1 200	1 300	1 400	1 500	1 600	1 700	1 800	2 000	2 500	4 000	6 000
U_i/V															
U_o/V															
$R=200\Omega$，$C=2.2\mu F$															
f/H_Z	100	200	250	300	350	400	450	500	550	600	700	800	900	1 000	2 000
U_i/V															
U_o/V															

4. RC 选频网络的相频特性测试

按实验原理说明 4 的内容、方法步骤进行，选定两组电路参数进行测量。将数据记入表 3.3.4中。

表 3.3.4 RC 选频网络的相频特性

$R=1\text{k}\Omega, C=0.1\mu\text{F}$															
f/Hz															
T/ms															
τ/ms															
φ															
$R=200\Omega, C=2.2\mu\text{F}$															
f/Hz															
T/ms															
τ/ms															
φ															

5. RC 双 T 选频网络的测试

测试图 3.3.5 所示的双 T 型滤波器的幅频特性，自拟表格，记录测试数据。

五、实验报告要求

(1)根据表中数据，用坐标纸分别作出低通、高通及选频电路的幅频特性，要求用频率取对数坐标。求出 f_0 或 ω_0，说明电路的作用。

(2)取 $f=f_0$ 时的数据，验证是否满足 $U_0=U_i$，$\varphi=0$。

(3)回答思考题。

(4)总结分析本次实验结果。

六、思考题

(1)根据电路参数，估算电路两组参数时的固有频率 f_0。

(2)推导 RC 串并联电路的幅频、相频特性的数学表达式。

(3)为什么 RC 电路具有移相作用?

第四节 双口网络实验

一、实验目的

(1)加深理解双口网络的基本理论。

(2)掌握直流双口网络传输参数的测量技术。

二、实验仪器

(1)TKDL-1 电路分析实验箱。

(2)数字万用表。

三、实验原理

对于任何一个线性网络,我们关心的往往只是输入端口和输出端口电压和电流间的相互关系,通过实验测定方法求取一个极其简单的等值双口电路来替代原网络,此即为“黑盒理论”的基本内容。

(1)一个双口网络两端口的电压和电流四个变量之间的关系,可以用多种形式的参数方程来表示。本实验采用输出口的电压 U_2 和电流 I_2 作为自变量,以输入口的电压 U_1 和电流 I_1 作为应变量,所得的方程称为双口网络的传输方程。如图 3.4.1 所示的无源线性双口网络(又称为四端网络)的传输方程为

$$U_1 = AU_2 + BI_2$$

$$I_1 = CU_2 + DI_2$$

式中,A,B,C,D 为双口网络的传输参数,其值完全取决于网络拓扑结构及各支路元件的参数值,这四个参数表征了该双口网络的基本特性,它们的含义是

$$A = \frac{U_{10}}{U_{20}}\text{(令 } I_2 = 0\text{,即输出口开路时)}$$

$$B = \frac{U_{1S}}{I_{2S}}\text{(令 } U_2 = 0\text{,即输出口短路时)}$$

$$C = \frac{I_{10}}{U_{20}}\text{(令 } I_2 = 0\text{,即输出口开路时)}$$

$$D = \frac{I_{1S}}{I_{2S}}\text{(令 } U_2 = 0\text{,即输出口短路时)}$$

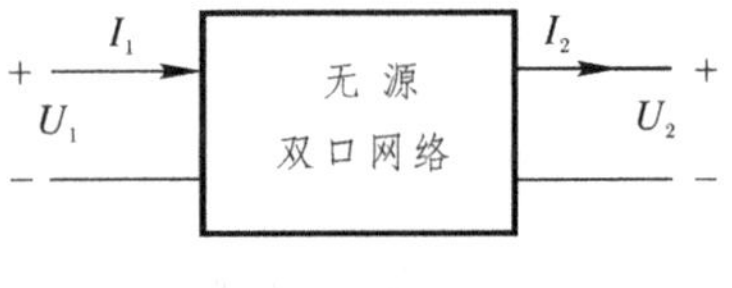

图 3.4.1

由上可知,只要在网络的输入口加上电压,在两个端口同时测量其电压和电流,即可求出 A,B,C,D 四个参数,此即为双端口同时测量法。

(2)若要测量一条远距离输电线构成的双口网络,采用同时测量法就很不方便,这时可采用分别测量法,即先在输入口加电压,而将输出口开路和短路,在输入口测量电压和电流,由传输方程可得

$$R_{10} = \frac{U_{10}}{I_{10}} = \frac{A}{C}\text{(令 } I_2 = 0\text{,即输出口开路时)}$$

$$R_{1S} = \frac{U_{1S}}{I_{1S}} = \frac{B}{D}\text{(令 } U_2 = 0\text{,即输出口短路时)}$$

然后在输出口加电压测量,而将输入口开路和短路,此时可得

$$R_{20} = \frac{U_{20}}{I_{20}} = \frac{D}{C}\text{(令 } I_1 = 0\text{,即输入口开路时)}$$

$$R_{2S}=\frac{U_{2S}}{I_{2S}}=\frac{B}{A}\text{（令 }U_1=0\text{，即输入口短路时）}$$

R_{10}，R_{1S}，R_{20}，R_{2S}分别表示一个端口开路和短路时另一端口等效输入电阻，这四个参数有三个参数是独立的。

$$\frac{R_{10}}{R_{20}}=\frac{R_{1S}}{R_{2S}}=\frac{A}{D}$$

即

$$AD-BC=1$$

可求出四个传输参数

$$A=\sqrt{R_{10}/(R_{20}-R_{2S})},\quad B=R_{2S}A,\quad C=A/R_{10},\quad D=R_{20}C$$

（3）双口网络级联后的等效双口网络的传输参数亦可采用前述的方法之一求得，从理论推得两双口网络级联后的传输参数与每一个参加级联的双口网络的传输参数之间存在下述关系：

$$A=A_1A_2+B_1C_2,B=A_1B_2+B_1D_2$$
$$C=C_1A_2+D_1C_2,D=C_1B_2+D_1D_2$$

四、实验内容

双口网络实验电路如图 3.4.2 所示。

将直流稳压电源的输出电压调到 10V，作为双口网络的输入。

（1）按同时测量法分别测定两个双口网络的传输参数 A_1，B_1，C_1，D_1 和 A_2，B_2，C_2，D_2，并列出它们的传输方程（注意电流方向）。

（2）将两个双口网络级联后，用两端口分别测量法测量级联后等效双口网络的传输参数 A，B，C，D，并验证等效双口网络传输参数与级联的两个双口网络传输参数之间的关系。（两个双网络相连时，应将一个双口网络 Ⅰ 的输出端与另一个双口网络 Ⅱ 的输入端连接）。

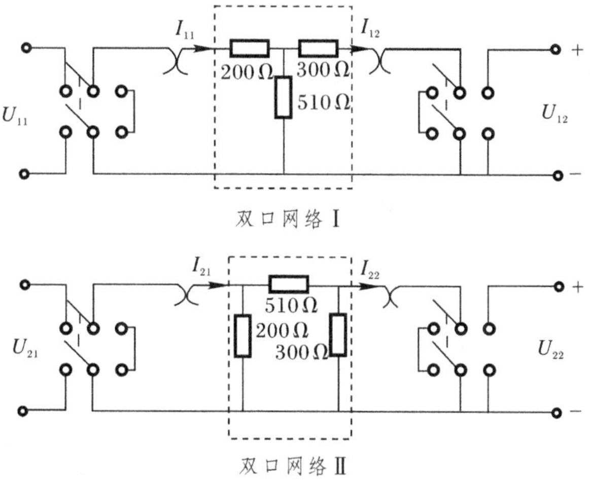

图 3.4.2　双口网络实验电路

表 3.4.1

<table>
<tr><td rowspan="5">双
口
网
络
Ⅰ</td><td rowspan="3">输出端开路
$I_{12}=0$</td><td colspan="3">测量值</td><td colspan="2">计算值</td></tr>
<tr><td>U_{110}/V</td><td>U_{120}/V</td><td>I_{110}/mA</td><td>A_1</td><td>$B1$</td></tr>
<tr><td></td><td></td><td></td><td></td><td></td></tr>
<tr><td rowspan="2">输出端短路
$U_{12}=0$</td><td>U_{11S}/V</td><td>I_{11S}/mA</td><td>I_{12S}/mA</td><td>C_1</td><td>D_1</td></tr>
<tr><td></td><td></td><td></td><td></td><td></td></tr>
<tr><td rowspan="5">双
口
网
络
Ⅱ</td><td rowspan="3">输出端开路
$I_{12}=0$</td><td colspan="3">测量值</td><td colspan="2">计算值</td></tr>
<tr><td>U_{210}/V</td><td>U_{220}/V</td><td>I_{210}/mA</td><td>A_2</td><td>B_2</td></tr>
<tr><td></td><td></td><td></td><td></td><td></td></tr>
<tr><td rowspan="2">输出端短路
$U_{22}=0$</td><td>U_{21S}/V</td><td>I_{21S}/mA</td><td>I_{22S}/mA</td><td>C_2</td><td>D_2</td></tr>
<tr><td></td><td></td><td></td><td></td><td></td></tr>
</table>

表 3.4.2

<table>
<tr><td colspan="3">输出端开路 $I_2=0$</td><td colspan="3">输出端短路 $U_2=0$</td><td rowspan="3">计算
传输参数</td></tr>
<tr><td>U_{10}/V</td><td>I_{10}/mA</td><td>R_{10}/kΩ</td><td>U_{1S}/V</td><td>I_{1S}/mA</td><td>R_{1S}/kΩ</td></tr>
<tr><td></td><td></td><td></td><td></td><td></td><td></td></tr>
<tr><td colspan="3">输入端开路 $I_1=0$</td><td colspan="3">输入端短路 $U_1=0$</td><td rowspan="3">$A=$
$B=$
$C=$
$D=$</td></tr>
<tr><td>U_{20}/V</td><td>I_{20}/mA</td><td>R_{20}/kΩ</td><td>U_{2S}/V</td><td>I_{2S}/mA</td><td>R_{2S}/kΩ</td></tr>
<tr><td></td><td></td><td></td><td></td><td></td><td></td></tr>
</table>

五、实验报告要求

(1)完成对数据表格的测量和计算任务。

(2)列写参数方程。

(3)验证级联后等效双口网络的传输参数与级联的两个双口网络传输参数之间的关系。

(4)总结、归纳双口网络的测试技术。

六、思考题

试述双口网络同时测量法与分别测量法的测量步骤、优缺点及其适用情况。

附录一　常用电子仪器、仪表使用说明

附录1.1　TKDL-1型电路分析实验箱使用说明

TKDL-1型电路分析实验箱是专为电路分析基础课程而配套设计的。它集实验模块、直流电压表、直流电流表、稳压源、恒流源于一体，结构紧凑，性能稳定可靠，实验灵活方便，有利于培养学生的动手能力，是高等院校、职业技术学院、中专等理想的教学设备。

本实验箱主要由一大块单面线路板制成，其正面印有清晰的图形线条、字符，使其功能一目了然。板上设有可靠的各集成块插座等元器件，实验连接线采用高可靠、高性能的高挡弹性插件；板上还装有直流稳压源、直流恒流源、秒表、直流电压表、直流电流表等部件，故本实验箱具有实验功能强、全，资源丰富，使用灵活，接线可靠，操作快捷，维护简单等优点。本实验箱所采用的元器件均精心选购，属于优质产品，可放心让学生进行实验。实验箱如附图1.1.1所示。

整个实验功能板放置并固定在高强度ABS工程塑料保护箱内，实验箱净重6kg，造型美观大方。

现在对实验箱的使用及各部分的功能进行简单介绍。

1. 电源开关

用电源线将220V电源引入实验箱后，打开标示1(电源开关)的电源开关，此时电源开关的指示灯应点亮，如果不亮，应立即检查。

(1)检查是否有220V交流电输入。

(2)检查实验箱电源接口处(保险丝嵌在里面，拔掉电源线，用手抠下保险丝壳就可以将保险丝壳取出，如果用手抠不下，可以用小一字螺丝刀)的保险丝是否完好。

2. 直流恒流源

提供两路0～20mA连续可调直流恒流源，有相应的输出接口及相应的LED发光二极管指示。

使用时，用导线将恒流源的输出接口引到相应的实验模块，将开关打到“开”位置，调节可调电位器，输出接口输出电流信号。

3. 直流稳压源

提供了+10V，+15V直流稳压电源两路，两路1.3～15V连续可调直流电压源，有相应的输出接口及相应的LED发光二极管指示。

使用时，用导线将电源的输出接口引到相应的实验模块，将开关打到“开”位置，调节可调电位器，输出接口输出电压信号。

4. 直流电压表

直流数字电压表：0～200V，挡位自动切换，四位数码数显，精度0.5级，带有RS485通信功能。

使用时，用导线将直流电压表的接口引到相应的实验模块。

5. 直流电流表

直流数字毫安表：0～1A，挡位自动切换，四位数码数显，精度0.5级，带有RS485通信功能。

使用时，用导线将直流电流表的接口引到相应的实验模块。

6. 数据采集卡

数据采集卡提供双踪示波器功能，可以在电脑上面同步显示两路信号。

数据采集卡提供两路低频程控数字信号源输出，输出频率范围1～100Hz，信号幅度20V峰-峰值。提供4路开关量输出信号，便于实验的扩展。

7. 实验模块区域

实验模块区域提供基尔霍夫定律、电压源与电流源的等效变换、替代定理、线性电路叠加性与齐次性的研究、戴维南定理、变压器、RC电路、RLC元件阻抗特性测定、电阻等效等完整电路模块。

使用时，用导线接入相应的信号源及测试仪表。

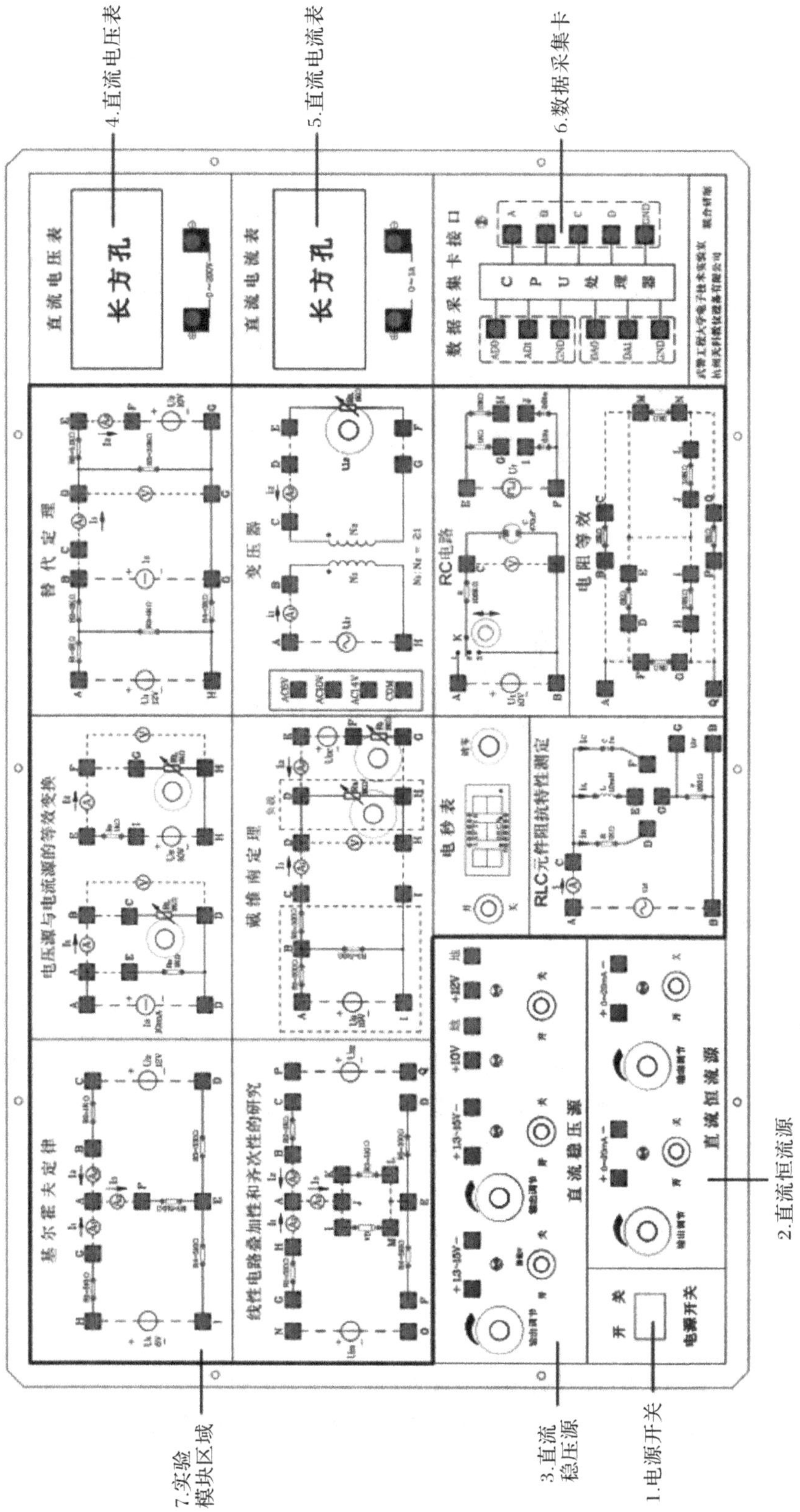

附图1.1.1

附录 1.2　MCH-305DII 双路直流稳压电源使用说明

一、概述

MCH-300 双路电源系列,电源供应器是一部可调式多功能、高稳定性的直流稳压电源。面板如附图 1.2.1 所示。可以满负载连续输出,输出电压、电流在标准范围内连续可调。有比一般 DC 稳压电源难以做到的极高稳定性、极强可靠性和耐用性的供电器,是科研部门、大专学校以及企事业单位等需要高稳定度直流电源供应器的理想选择。

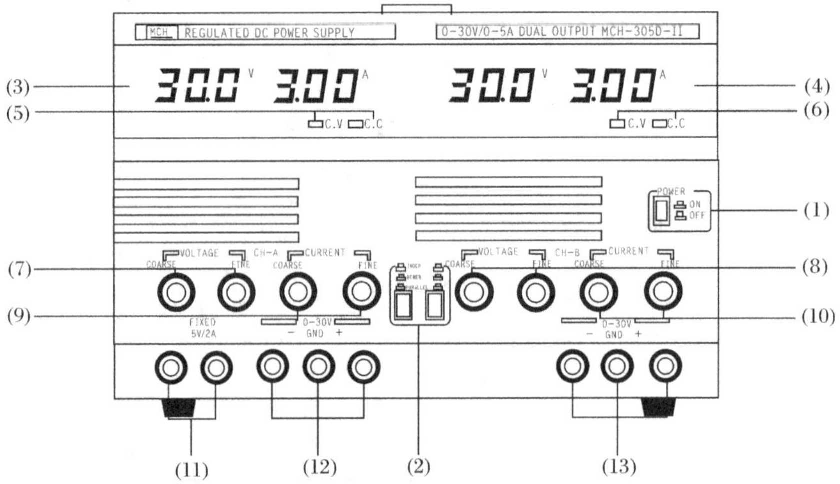

附图 1.2.1

二、面板功能及操作说明

1. 面板功能

(1)电源开关。

(2)独立/串联/并联控制键。当选择了串联模式,两路电源被串接,通道 A 的电压受通道 B 控制,这时可以得到一对极性相反的电压。连接通道 B 的正极和通道 A 的负极可以得到双倍的电压输出。当选择了并联模式,两路电源被并接,这时在任一输出端都可以得到双倍的电流。

(3)三位电压/电流值显示。

(4)三位电压/电流值显示。

(5)C. C 恒流指示灯。

(6)C. V 恒压指示灯。

注:当通过负载的电流(根据欧姆定律计算值)低于预设的电流值时,CV 灯亮,此时电源工作在恒压模式。反之,CC 灯亮,此时电源工作在恒流模式,通过负载的电源被限定在预设电流值上。

(7)电压粗调/细调调节。

(8)电压粗调/细调调节。

注:如果在串联或并联状态,通道 A 的旋钮不起作用。

(9)电流粗调/细调。

(10)电流粗调/细调。

(11)输出端 1,固定 5V/2A 输出。

(12)输出端 2,由(7)和(9)键控制。

(13)输出端 3,由(8)和(10)键控制。

2. 操作

(1)端口连接。输出端 12 和输出端 13 处于浮接状,固定输出端 11 的负端已内部接地。

(2)电压设定。调节电压旋钮,得到需要的电压。

(3)电流设定。反时针调节电压控制旋,得到一个较小的电压值。短接输出端,调节电流旋钮到所需设定的电流值。

(4)串联使用。通过按键 2 选择串联模式(同时弹起两边独立使用,左边按下为串联模式,左、右同时按下为并联模式),用输出端 13 的"+"端和输出端 12 的"-"端作为输出端。这时输出电压是两路电源电压的总和。

(5)并联使用。通过按键 2 选择并联模式,使用任一路电源为输出端,这时输出的电流是两路电源的电流总和。

三、注意事项

(1)当供电电压正常,开机后 CV 灯不亮或数字显示不亮,可能是保险管烧断或电源连接线接触不良以及其他故障,关断电源,拔下电源线,检查电源插线与电源插座是否接触良好,或检查保险丝管有否烧断。

(2)作稳压源使用时,输出电压值小于设定电压值并且 CC 灯亮,电流保护,本机自动转换到稳流工作状态,此时应检查负载或根据负载增大输出电流。

(3)作稳流源使用时,输出电流小于设定电流值并且 CV 灯亮,是开路电压保护,本机自动转换到稳压状态,此时应检查负载或根据使用情况增大电压。

(4)作稳压源使用时,工作不稳定,可能是本机交流输入电压小于额定电压 90% 以下。请检查电源供电电压是否在额定范围内。如在范围内且故障不能解决,请尽快与当地经销商联络。

附录 1.3　VC86 数字万用表使用说明

一、概述

该仪表是一种性能稳定、高可靠性 31/2 位数字万表,仪表采用 22mm 字高 LCD 显示器,读数清晰。

该仪表可用来测量直流电压、交流电压、直流电流、交流电流、电阻,非接触电压探测,温度,三极管、二极管及通断测试;同时还设计有单位符号显示、数据保持、最大值显示,自动/手动量程转换、自动断电及报警功能。整机采用了一个能直接驱动 LCD 的 8 位微处理器和双积分 A/D 转换集成电路,一个提供高分辨力、高精度的数字显示驱动,该表功能齐全,测量准确度高,使用方便,是实验室、工厂、无线电爱好者及家庭的理想工具。

二、安全注意事项

仪表在设计上符合 IEC1010 条款(国际电工委员会颁布的安全标准),在使用之前请先阅读安全注意事项。

(1)测量前,要检查表笔是否可靠接触、是否正确连接、是否绝缘良好等,以避免电击。

(2)测量时,请勿输入超过规定的极限值,以防电击和损坏仪表。

(3)在测量高于 60V 直流、40V 交流电压时,应小心谨慎,防止触电。

(4)选择正确的功能,谨防误操作。

(5)换功能时,表笔要离开测试点。

(6)不允许表笔插在电流端子去测量电压。

(7)请不要随意改变仪表线路,以免损坏仪表和危及安全。

(8)安全符号说明:“⚠”存在危险电压,“⏚”接地,“▣”双绝缘,“⚠”操作者必须参阅说明书,“🔋” 低电压符号。

三、使用方法

1. 操作面板说明

(1)输入端口。

端口	说明
A	测量 0 ~20.00 A 电流(20 A 过载最长持续 15 s)输入端子
uAmA TEMP-	测量 0μA ~200mA 电流(<200mA 可最长持续 18h 测量)及温度的负输入端子
COM	用于所有测量的公共端子
VΩ TEMP+	测量电压、电阻、二极管和连通性的输入端子,温度的正输入端子
hFE	测量三极管的输入端子

(2)旋钮开关:用于改变测量功能及量程。

功能	说明
V~	交流电压测量
V⎓	直流电压测量
Ω	电阻测量
→+•)))	二极管/通断测量,按 SELEC(黄色)键选择二极管、通断测量,循环切换
NCV	非接触电压探测
℃/℉	温度测量,按 SELEC(黄色)键切换℃或℉
hFE	三极管放大倍数测量
uA≂	直流电流测量(从 0 ~ 2 000 μA),按 SELEC(黄色)键切换交流电流测量(从 0 ~ 2 000 μA)

续表

功能	说明
mA≂	直流电流测量(从 0 ~ 200 mA),按 SELEC(黄色)键切换交流电流测量(从 0 ~ 200mA)
A≂	直流电流测量(从 0A ~ 20A),按 SELEC(黄色)键切换交流电流测量(从 0 ~ 20A)

(3)功能。

☀LIGHT键::

背光控制键,按☀LIGHT键:超过 2s 显示屏背光灯亮,再按一次该键超过 2s 时,背光灯会关闭。背光开启后若不按该键它会在 15s 后自动熄灭。

MAX 键:

最大值保持键,以触发方式动作,按此键后,A/D 会继续工作,显示值总是更新和保留最大值,再按一次,退出最大值保持状态。

HOLD 键:

数据保持键,以触发方式动作,按此键后,仪表当前所测数值保持在液晶显示器上,显示器出现"HOLD"符号,再按一次,退出保持状态。

RANGE 键:

选择自动量程或手动量程工作方式。仪表起始为自动量程状态,显示"AUTO"符号,按此功能转为手动量程,按一次增加一挡,由低到高依次循环。持续按下此键长于 2s,回到自动量程状态。

SELEC(黄色)键:

1)为功能选择键,以触发式动作。按该键可选所需测量模式:在 DC 或 AC;在→+•)))(Diode/Beeper)状态下选择→+或•))),在温度测量状态下选择℃或℉。

2)仪表停止使用 15min 后,仪表便自动断电,然后进入休眠状态,断电前 1min 内置蜂鸣器会发出 5 声提示;若要重新启动电源,按动功能键或是拨动功能开关,就可重新接通电源。

3)按着该键后再打开电源或在休眠状态按该键唤醒仪表,自动关机功能被取消。

(4)液晶显示器:显示仪表测量的数值及单位见附图 1.3.1。

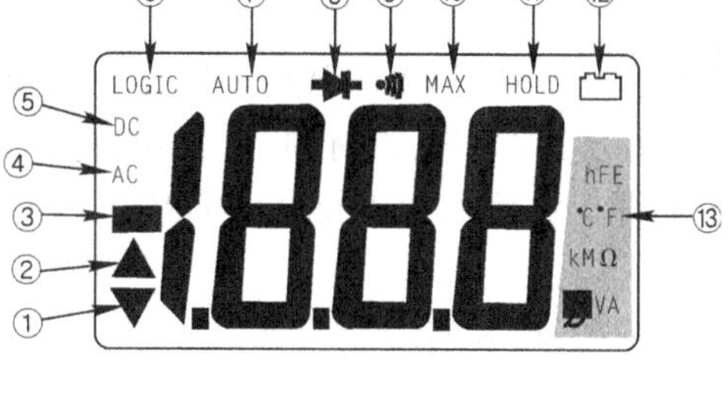

附图 1.3.1　液晶显示器

液晶显示器的各按键功能如下:

序号	功能	含义
①	▼	无效
②	▲	无效
③	■	测量结果为负时显示符号
④	AC	万用表处于交流电压或交流电流测量状态
⑤	DC	万用表处于直流电压或直流电流测量状态
⑥	LOGIC	无效
⑦	AUTO	万用表处于自动量程模式
⑧	➔	二极管测量
⑨	•)))	连通性蜂鸣器启动
⑩	MAX	最大值功能已启用
⑪	HOLD	数据保持功能已启用
⑫	▭	电池电量不足。警告:为避免错误的读数而导致电击或人身伤害,电池指示符出现时应尽快更换电池
⑬	hFE ℃/℉ MΩ, kΩ,Ω mV, V μA, mA, A	三极管(用于三极管放大倍数测量) 摄氏温度、华氏温度 兆欧姆、千欧姆、欧姆 毫伏、伏特 微安、毫安和安(A)

(5)非接触电压感应探测区域和探测指示灯。

(6)防震套、电池门。

2. 直流电压测量

(1)将黑表笔插入“COM”插孔,红表笔插入“VΩ” 插孔;

(2)将功能开关转至“V⎓”挡;

(3)仪表起始为自动量程状态,显示“AUTO”符号,按 “RANGE”键转为手动量程方式,可选 200mV,2V,20V,200V,1 000V 量程;

(4)将测试表笔接触测试点,红表笔所接的该点电压与极性显示在屏幕上。

注意:

(1)手动量程方式如 LCD 显示:“OL”,表明已超过量程范围,须将量程开关转至高一挡;

(2)测量电压切勿超过 1 000V,如超过,则有损坏仪表电路的危险,并有声音报警;

(3)当测量高电压电路时,千万注意避免触及高压电路。

3. 交流电压测量

(1)将黑表笔插入“COM”插孔,红表笔插入“VΩ” 插孔;

(2)将功能开关转至“V~”挡;

(3)仪表起始为自动量程状态,显示“AUTO”符号,按 “RANGE”键转为手动量程方式,可选 200mV,2V,20V,200V,750V 量程;

(4)将测试表笔接触测试点,表笔所接的两点电压显示在屏幕上。

注意:

(1)手动量程方式如 LCD 显示:“OL”,表明已超过量程范围,须将量程开关转至高一挡。

(2)测量电压切勿超过交流 750V,如超过,则有损坏仪表电路的危险,并有声音报警。

(3)当测量高电压电路时,千万注意避免触及高压电路。

4. 直流电流测量

(1)将黑表笔插入“COM”插孔,红表笔直插入“uAmA” 或“20A”插孔中(最大为 200mA)。

(2)将功能开关转至电流挡,将仪表的笔表串入被测电路上,被测电流值及红色表笔点的电流极性将同时显示在屏幕上。

注意:

(1)如果事先对被测电流范围没有概念,应将量程开关转到最高的挡位,然后根据显示值转至相应的挡位上。

(2)如 LCD 显示:“OL”,表明已超过量程范围,须将量程开关转至高一挡。

(3)最大输入电流为 200mA 或者 20A(视红表笔插入位置而定),超过额定的电流会将保险丝熔断,甚至损坏仪表。

5. 交流电流测量

(1)将黑表笔插入“COM”插孔,红表笔直插入“uAmA” 或“20A”插孔中(最大为 200mA)和(最大为 20A)。

(2)将功能开关转至电流挡,按动“SELEC(黄色)”键选择 AC 测量方式,然后将仪表测试笔表串入在被测电路上,被测电流值显示在屏幕上。

注意:

(1) 如果事先对被测电流范围没有概念,应将量程开关转到最高的挡位,然后根据显示值转至相应的挡位上。

(2) 如 LCD 显示:“OL”,表明已超过量程范围,须将量程开关转至高一挡。

(3) 最大输入电流为 200mA 或者 20A(视红表笔插入位置而定),超过额定的电流会将保险丝熔断,甚至损坏仪表。

6. 电阻测量

(1)将黑表笔插入“COM”插孔,红表笔插入“VΩ”插孔。

(2)将功能开关转至“Ω” 挡。

(3)仪表起始为自动量程状态,显示“AUTO”符号,按动“RANGE”键可选择手动量程方式。

注意:

(1)使用手动量程测量方式时,如果事先对被测电阻范围没有概念,应将开关调至最高的挡位。

(2)如 LCD 显示“OL”,表明已超过量程范围,须将量程开关调高一挡。当测量电阻超过 1MΩ 以上时,读数需几秒时间才能稳定,这在测量高电阻时是正常的。

(3)当输入端开路时,则显示过载情形“OL”。

(4)测量在线电阻时,要确认被测电路所有电源已关断及所有电容都已完全放电时,才可进行。

(5)测量时出现较大误差,可能是在线其他原件对其影响或该电阻两端有电位。

(6)请勿在电阻挡输入电压。

7. 非接触电压探测

警告:该功能受外界干扰源不同,可能发生误报警现象,使用时,测量结果只供参考。将功能开关置于"NCV"位置,当被检测的线路靠在仪表顶部,仪表感应电压指示灯亮,蜂鸣器发出滴滴滴的报警声。

注意:

(1)即使没有指示,电压仍然可能存在,不要依靠非接触电压探测器来判断导线是否存在电压。

(2)探测操作可能会受到插座设计、绝缘厚度及类型不同等因素的影响。

(3)当在仪表输入端子输入电压时,由于感应电压的存在,电压感应指示灯亦有可能会亮。

(4)外部环境的干扰源(如闪光灯、马达等),可能会有误判断的现象。

8. 三极管 hFE 测量

(1)将功能开关转至 hFE 挡。

(2)决定所测晶体管为 NPN 型或 PNP 型,将发射极、基极、集电极分别插入相应插孔。

9. 二极管、通断测试

(1) 将黑表笔插入"COM"插孔,红表笔插入"VΩ"插孔(注意红表笔极性为"+")。

(2) 将功能开关转至"➙+ ·)))"挡,默认为二极管测量方式。

(3)正向测量:将红表笔接到被测二极管正极,黑表笔接到被测二极管负极,显示器即显示二极管正向压降的近似值。

(4)反向测量:将红表笔接到被测二极管负极,黑表笔接到被测二极管正极,显示器显示"OL"。

(5)完整的二极管测试包括正反向测量,如果测试结果与上述内容不符,说明二极管是坏的。

(6)按动"SELEC(黄色)"键选择通断测量方式。

(7)将表笔连接到待测线路的两点,如果电阻值低于 60Ω,则内置蜂鸣器发声。

注意:

(1)请勿在"➙+ ·)))"挡输入电压。

(2)在线测量时,确保关闭电源及所有电容放电,任意负电位或交流信号会使蜂鸣器发声。

10. 温度测量

(1)将功能开关转至"℃/℉"挡,按动"SELEC(黄色)"键可选择℃或℉测量方式。

(2) 将热电耦传感器的冷端(自由端)对应插入"TEMP+和 TEMP-"插孔,热电耦传感器的工作端(测温端)置于被测温场中,显示屏即显示被测温场的温度值,读数为摄氏度(注意极性,相反,被测温度升时显示值下降)。

注意:

(1)当输入端开路时,则显示常温。

(2)请勿随意更换测温传感器,否则将不能保证测量准确度。

(3)严禁在温度挡输入电压。

附录 1.4　YT1931 数字全自动毫伏表使用说明

一、使用特性

YT1931 数字全自动毫伏表，轻颖小巧、造型美观、使用方便，具有下述特点：

(1)本系列毫伏表采用单片机控制技术，集模拟与数字技术于一体，是一种通用型智能化的全自动数字交流毫伏表。其适用于测量频率为 5Hz ~ 2MHz，电压为 100μV ~ 300V 的正弦波有效值电压。

(2)本系列毫伏表具有测量精度高、测量速度快、输入阻抗高、频率影响误差小等优点。其具备自动/手动测量功能，同时显示电压值和 dB/dBm 值，以及量程和通道状态，显示清晰直观，使用方便，可广泛应用于工厂、实验室、科研单位、部队和学校。

二、使用注意事项

(1)避免过冷或过热。不可将交流毫伏表长期暴露在日光下，或靠近热源的地方，如火炉。

(2)不可在寒冷天气时放在室外使用，仪器工作温度应保持在 0 ~ 40℃之间。

(3)避免炎热与寒冷环境的交替。不可将交流毫伏表从炎热的环境中突然转到寒冷的环境或相反进行，这将导致仪器内部形成凝结。

(4)避免湿度、水分和灰尘。如果将交流毫伏表放在湿度大或灰尘多的地方，可能导致仪器操作出现故障，最佳使用相对湿度范围是 35% ~ 90% 。

(5)应避免在强烈震动的地方，否则会导致仪器操作出故障。

(6)注意磁器和存在强磁场的地方。数字交流毫伏表对电磁场较为敏感，不可在具有强烈磁场作用的地方操作毫伏表，不可将磁性物体靠近毫伏表，应避免阳光或紫外线对仪表的直接照射。

(7)储运。

1)不可将物体放置在交流毫伏表上，注意不要堵塞仪器通风孔。

2)仪器不可遭到强烈的撞击。

3)不可将导线或针插进通风孔。

4)不可用连接线拖拉仪器。

5)不可将烙铁放在仪器框架或表面。

6)避免长期倒置存放和运输。如果仪表不能正常工作，重新检查操作步骤，如果仪表确已出现故障，请与最近的销售服务处联系以便修理。

(8)使用之前的检查步骤：

1)检查电压。参看附表 1.4.1 可知该毫伏表的正确工作电压范围，在接通电源之前应检查电源电压。

附表 1.4.1

额定电压	工作电压范围
交流 220V	交流 198 ~ 242V

2)确保所用的保险丝是指定的型号见附表 1.4.2。为了防止由于过电流引起的电路损坏,请使用正确的保险丝值。

附表 1.4.2

型号	YT1931
交流 220V	0.5A

如果保险丝熔断,仔细检查原因,修理之后换上规定的保险丝。如果使用的保险丝不当,不仅会出现故障,甚至会使故障扩大。因此,必须使用正确的保险丝。

3)注意事项:输入电压不可高于规定的最大输入电压。

三、面板操作键作用说明

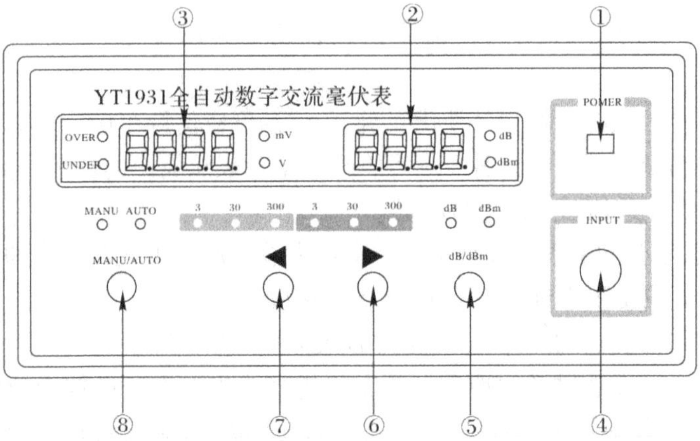

附图 1.4.1

面板操作键如附图 1.4.1 所示。

①电源开关。电源开关按键弹出即为“关”位置,将电源线接入,按电源开关以接通电源。

②dB,dBm 值显示窗口。LED 数字面板表显示输入信号的电压分贝值。

③电压显示窗口。LED 数字面板表显示输入信号的电压有效值。

④输入插座。输入信号由此端口输入。

⑤dB,dBm 切换按钮。

⑥量程选择右移按钮。

⑦量程选择左移按钮。

⑧MANU,AUTO(手动、自动)选择按钮。

四、基本操作方法

(1)打开电源开关前,首先检查输入的电源电压,然后将电源线插入后面板上的交流插孔。

(2)电源线接入后,按电源开关以接通电源,并预热 5min。

(3)将输入信号由输入端口送入交流毫伏表即可。

注意:在手动挡时,如量程选择不当时,显示屏会不断闪烁,以提醒用户选择合适的量程。

附录 1.5　SDG1025 函数信号发生器使用说明

一、SDG1000 系列前、后面板简介

SDG1000 系列采用 3.5in①TFT-LCD 显示。人性化的界面布局,恰到好处的按键设置,让人爱不释手。本章对于 SDG1000 系列的前、后面板的操作及功能简单的描述和介绍,旨在最短的时间内使用户熟悉 SDG1000 系列函数/任意波形发生器的功能设置和使用。

1. 前面板总览

SDG1000 系列函数/任意波形发生器向用户提供了明晰、简洁的前面板,如附图 1.5.1 所示。前面板包括 3.5in TFT-LCD 显示屏、参数操作键、波形选择键、数字键盘、模式/功能键、方向键、旋钮和通道选择键。

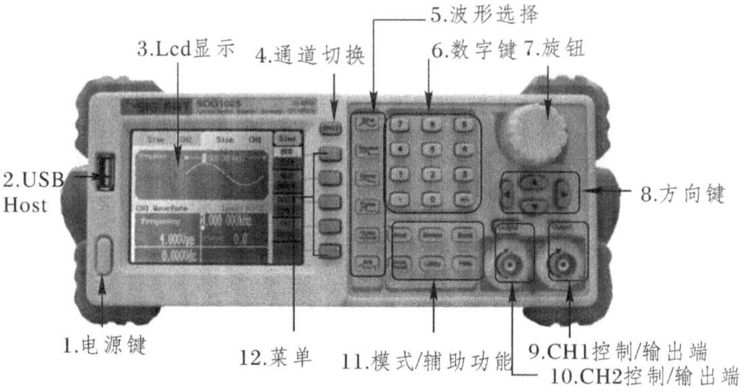

附图 1.5.1　SDG1000 前面板

2. 后面板总览

SDG1000 系列函数/任意波形发生器的后面板为用户提供了丰富的接口,包括 10MHz 参考输入和同步输出接口、USBDevice、电源插口和专用的接地端子,如附图 1.5.2 所示。

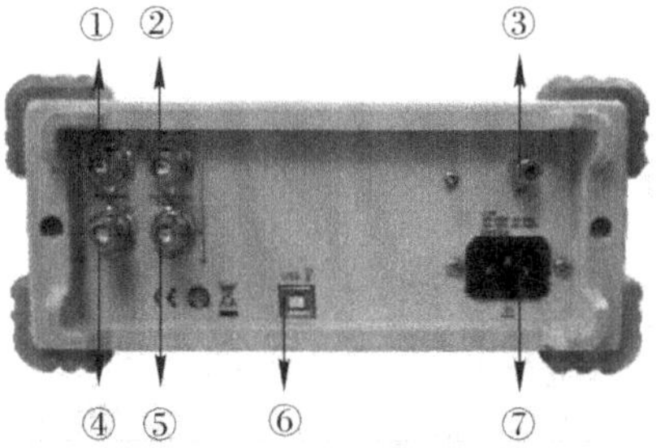

附图 1.5.2　SDG1000 后面板

对应数字标识说明如下:

① 1in=0.0254m。

①10MHz 时钟输入接口。
②同步输出接口。
③专用的接地端子。
④【Modulation In】输入接口。
⑤【EXTTrig/Gate/Fsk/Burst】接口。
⑥USB Device 接口。
⑦电源插口。

二、调整手柄

SDG1000 系列函数/任意波形发生器手柄的位置可以自由调整。首先握住仪器两侧的手柄并向外拉,然后将手柄转到所需的位置即可。仪器手柄有四种可调位置,如附图 1.5.3 所示。

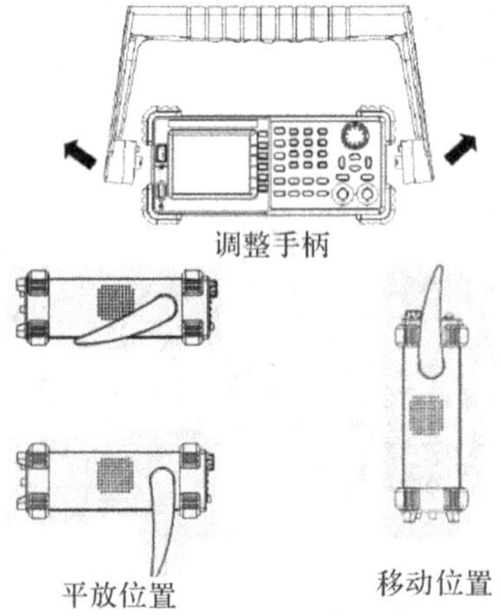

附图 1.5.3　SDG1000 手柄位置示意图

三、SDG1000 系列用户界面简介

SDG1000 系列函数/任意波形发生器的常规显示界面如附图 1.5.4 所示,主要包括通道显示区、波形显示区、参数显示区和操作菜单区。通过操作菜单区我们可以选择需要更改的参数如频率/周期、幅值/高电平、偏移/低电平、相位等参数来输出所需要的波形。

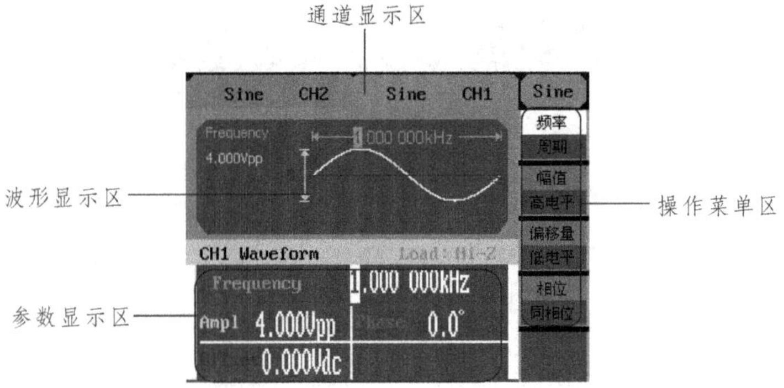

附图 1.5.4　SDG1000 用户界面

如附图 1.5.4 所示，在参数显示区中包括 frequency（频率）、Ampl（幅值）、Phase（相位）和 Offset（偏移量）等参数，用户可在操作菜单显示区中通过数字键、旋钮、方向键和对应的功能键来修改相应的参数值。

四、SDG1000 系列功能设置简介

本节主要介绍 SDG1000 系列函数/任意波形发生器功能设置简介，主要包括波形选择设置、调制/扫频/脉冲串设置、通道输出控制、输入控制及存储/辅助系统功能设置/帮助设置。

1. SDG1000 系列波形选择设置

如附图 1.5.5 所示，在操作界面左侧有一列波形选择按键，从上到下分别为正弦波、方波、锯齿波/三角波、脉冲串、白噪声和任意波。

附图 1.5.5　常用的六种波形按键

现在对其波形设置逐一进行介绍：使用 Sine 按键，波形图标变为正弦波，并在状态区左侧出现 Sine 字样。SDG1000 系列可输出 1μHz ~ 50MHz 的正弦波形。设置频率/周期、幅值/高电平、偏移量/低电平、相位，可以得到不同参数的正弦波。如附图 1.5.6 所示，为正弦波的默认设置。

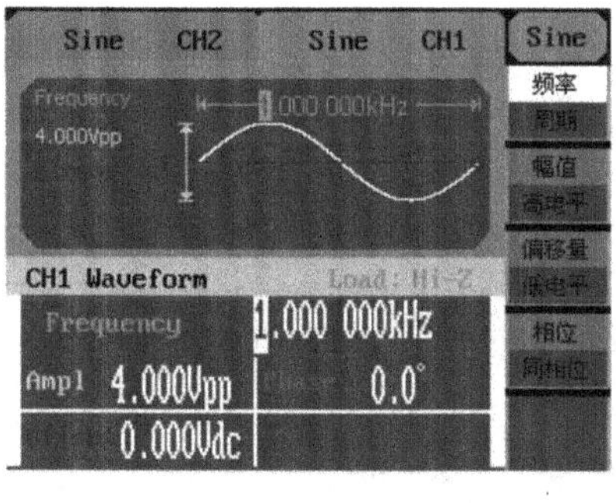

附图 1.5.6　正弦波默认设置界面

使用 Square 按键，波形图标变为方波，并在状态区左侧出现 Square 字样。SDG1000 系列可输出 1μHz ~ 25MHz 并具有可变占空比的方波波形。设置频率/周期、幅值/高电平、偏移量/低电平、相位、占空比，可以得到不同参数的方波。如附图 1.5.7 所示，为方波的默认设置。

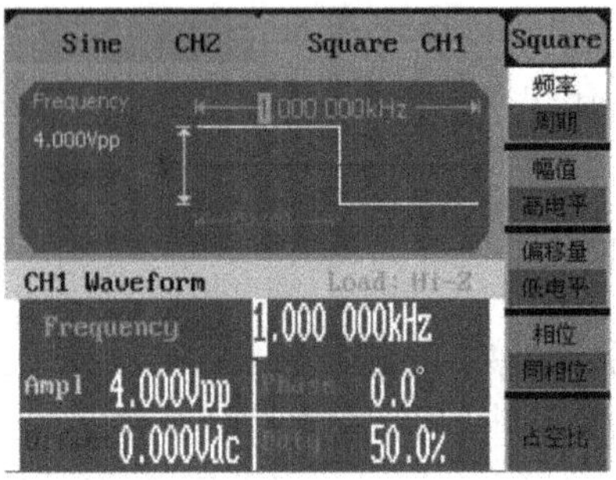

附图 1.5.7　方波默认设置界面

使用 Ramp 按键，波形图标变为锯齿波/三角波，并在状态区左侧出现 Ramp 字样。SDG1000 系列可输出 1μHz ~ 300kHz 的锯齿波/三角波形。设置频率/周期、幅值/高电平、偏移量/低电平、相位、对称性，可以得到不同参数的锯齿波/三角波。如附图 1.5.8 所示，为锯齿波/三角波的参数设置。

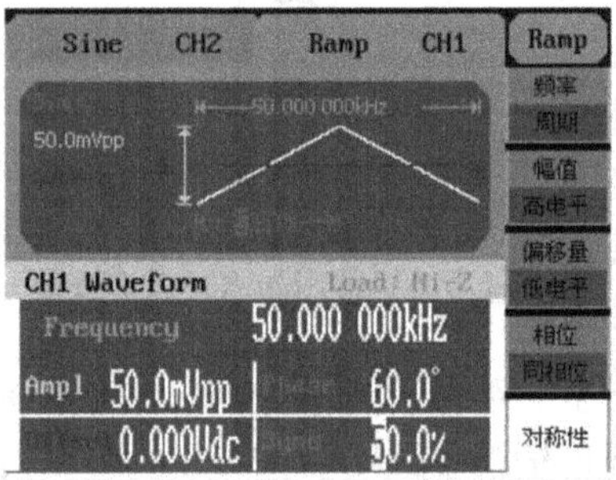

附图 1.5.8　锯齿波/三角波参数设置界面

使用 Pulse 按键，波形图标变为脉冲波信号，并在状态区左侧出现 Pulse 字样。SDG1000 系列可输出 500μHz ~ 10MHz 的脉冲波形。设置频率/周期、幅值/高电平、偏移量/低电平、脉宽/占空比、延时，可以得到不同参数的脉冲波。如附图 1.5.9 所示，为脉冲波的默认设置。

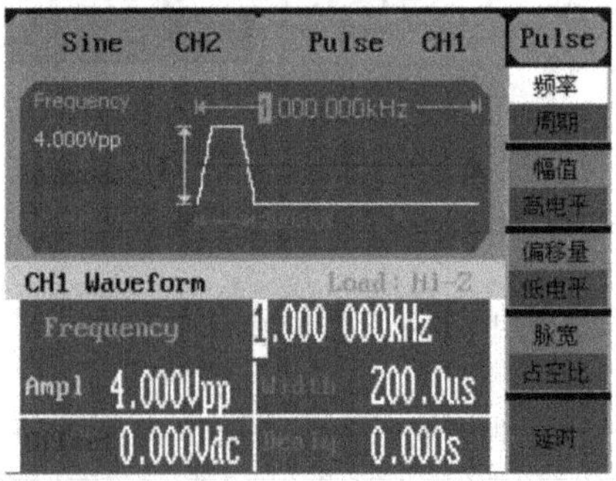

附图 1.5.9　脉冲波默认设置界面

使用 Noise 按键，波形图标变为噪声信号，并在状态区左侧出现 Noise 字样。SDG1000 系列可输出带宽为 50MHz 的噪声。设置幅值/高电平、偏移量/低电平，可以得到不同参数的噪声波。如附图 1.5.10 所示，为噪声波的默认设置。

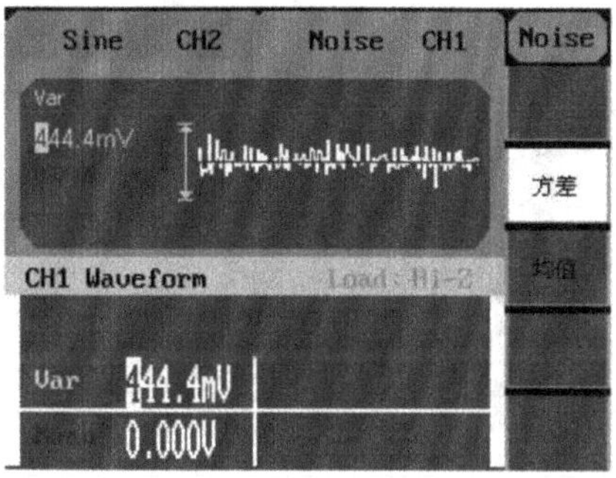

附图 1.5.10　噪声波号默认设置界面

使用 Arb 按键，波形图标变为任意波信号，并在状态区左侧出现 Arb 字样。SDG1000 系列可输出 1μHz ~ 5MHz、波形长度为 16Kpts 的任意波形。设置频率/周期、幅值/高电平、偏移量/低电平、相位，可以得到不同参数的任意波。如附图 1.5.11 所示，为任意波的默认设置。

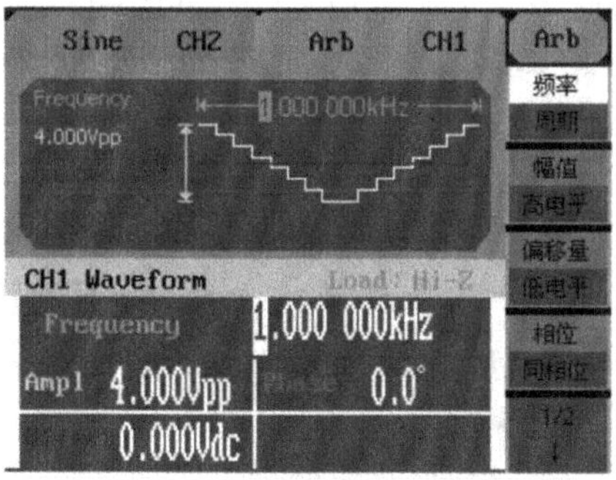

附图 1.5.11　任意波默认设置界面

2. SDG1000 系列调制/扫频/脉冲串设置

如附图 1.5.12 所示，在 SDG1000 系列信号源发生器的前面板有三个按键，分别为调制、扫频、脉冲串设置功能按键。

附图 1.5.12　调制、扫频、脉冲串设置功能按键

使用 Mod 按键，可输出经过调制的波形。使用该按键并通过功能按键设置参数。通过改变调制类型、内调制/外调制、频率、波形和其他参数来改变调制输出波形。

SDG1000 系列可使用 AM，AM-DSB，FM，PM，FSK，ASK 和 PWM 调制类型。可调制正弦波、方波、锯齿波/三角波和任意波。

SDG1000 系列信号源发生器的调制界面如附图 1.5.13 所示。

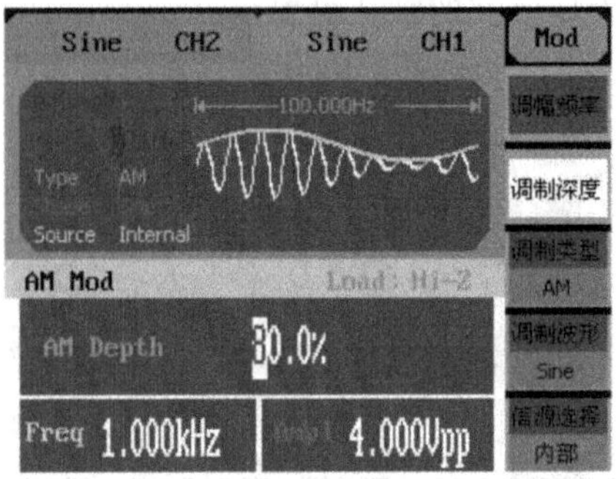

附图 1.5.13　调制界面

使用 Sweep 按键，对正弦波、方波、锯齿波/三角波和任意波形产生扫描，在扫描模式中，SDG1000 系列在指定的扫描时间内扫描设置的频率范围。扫描时间可设定为 1ms ~ 500s，触发方式可设置为手动、外部或内部。

SDG1000 系列函数/任意波形发生器的扫频界面如附图 1.5.14 所示。

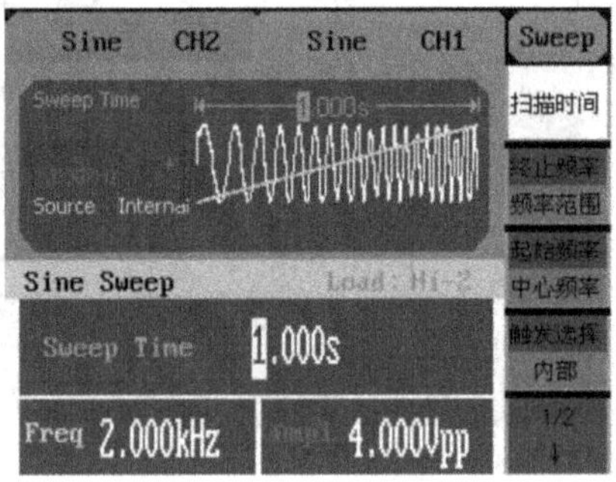

附图 1.5.14　扫频界面

使用 Burst 按键，可以产生正弦波、方波、锯齿波/三角波、脉冲波和任意波形的脉冲串输出。可设定起止相位：0 ~ 360°，内部周期：1 μs ~ 500s。

SDG1000 系列函数/任意波形发生器的脉冲串界面如附图 1.5.15 所示。

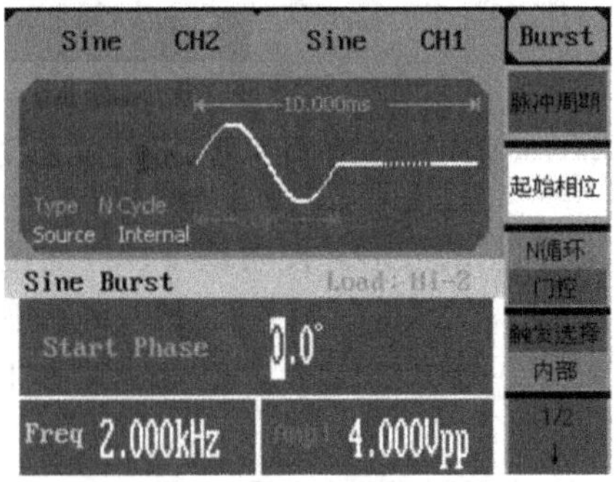

附图 1.5.15　脉冲串界面

3. SDG1000 系列通道输出控制

如附图 1.5.16 所示，在 SDG1000 系列数字方向键的下面有两个输出控制按键，使用 Output 按键，将开启/关闭前面板的输出接口的信号输出，选择相应的通道，按下 Output 按键，该按键就被点亮，打开输出开关，同时，输出信号，再次按 Output 按键，将关闭输出。

附图 1.5.16　输出控制按键

4. SDG1000 系列数字输入控制

如附图 1.5.17 所示，在 SDG1000 系列的操作面板上有两组数字输入按键，分别为数字键盘、旋钮和方向键。现在对其数字输入功能的使用进行简单的说明。

附图 1.5.17　数字按键、旋钮和方向键

数字键盘，用于编辑波形时参数值的设置，直接键入数值可改变参数值。

旋钮，用于改变波形参数中某一数值的大小，旋钮的输入范围是 0 ~ 9，旋钮顺时针旋转一格，数值增加 1；方向键，分别主要用于波形参数项选择和参数数值位的选择及数字的删除。

5. SDG1000 系列存储/辅助系统/帮助设置

SDG1000 系列面板下方有三个按键，如附图 1.5.18 所示，分别为存储/辅助系统/帮助设置功能按键。现在对其存储/辅助系统功能设置/帮助设置的使用进行简单的说明。

附图 1.5.18　存储/辅助系统/帮助设置功能按键

Store/Recall 按键，用于存储、调出波形数据和配置信息。

Utility 按键，用于对辅助系统功能进行设置，包括频率计、输出设置、接口设置、系统设置、仪器自检和版本信息的读取等。

Help 按键，用于调出嵌入的帮助信息列表，帮助更深地认知各功能按键的定义。

附录 1.6　SDS1000CML 数字示波器

一、SDS1000CML 面板和用户界面简介

在使用 SDS1000CML 系列数字存储示波器以前，首先需要了解示波器的操作面板，下述内容对 SDS1000CML 系列的前面板、用户界面和仪器背部的操作及功能作简单的介绍和描述，能使用户在最短的时间内熟悉和使用 SDS1000CML 系列示波器。

1. 前面板

SDS1000CML 系列示波器面板上包括旋钮和功能按键。显示屏右侧的一列 5 个灰色按键为菜单操作键。通过这些菜单操作键可以设置当前菜单的不同选项。其他按键为功能键，通过这些功能键，可以进入不同的功能菜单或直接获得特定的功能应用。前面板如附图 1.6.1 所示。

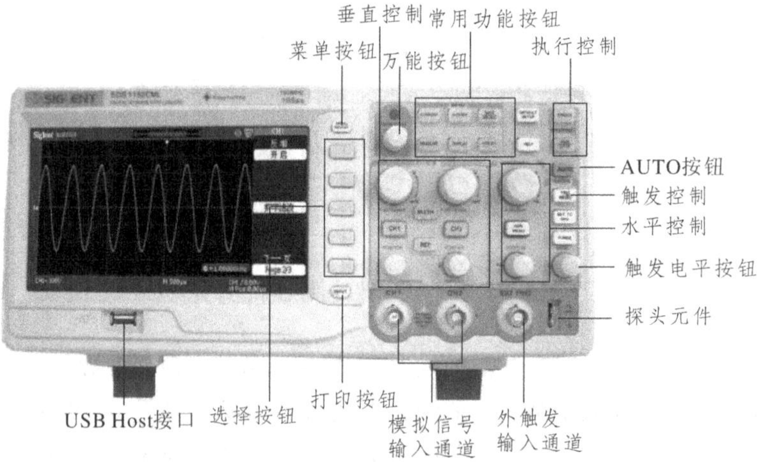

附图 1.6.1　SDS1000CML 前面板

2. 用户界面(见附图 1.6.2)

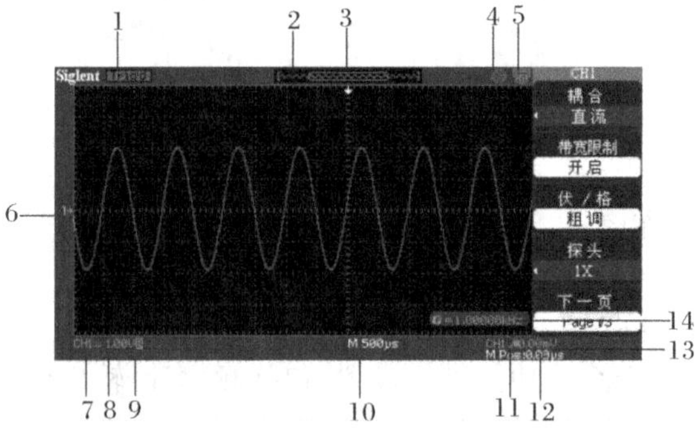

附图 1.6.2　SDS1000CML 界面显示区

(1)触发状态。

Armed:已配备。示波器正在采集预触发数据。在此状态下忽略所有触发。

Ready:准备就绪。示波器已采集所有预触发数据并准备接受触发。

Trigd:已触发。示波器已发现一个触发并正在采集触发后的数据。

Stop:停止。示波器已停止采集波形数据。

Stop:采集完成。示波器已完成一个“单次序列”采集。

Auto:自动。示波器处于自动模式并在无触发状态下采集波形。

Scan:扫描。在扫描模式下示波器连续采集并显示波形。

(2)显示当前波形窗口在内存中的位置。

(3)使用标记显示水平触发位置。

(4) 【打印钮】选项选择【打印图像】。

【打印钮】选项选择【储存图像】。

(5) 【后 USB 口】设置为【USBTMC】。

【后 USB 口】设置为【打印机】。

(6)显示波形的通道标志。

(7)信号耦合标志。

(8)以读数显示通道的垂直刻度系数。

(9)B 图标表示通道是带宽限制的。

(10)以读数显示主时基设置。

(11)显示主时基波形的水平位置。

(12)采用图标显示选定的触发类型。

(13)触发电平线位置。

(14)以读数显示当前信号频率。

3. 仪器背部

SDS1000CML 系列数字示波器提供丰富的标准接口,用户可以灵活地连接示波器。其背部如附图 1.6.3 所示。

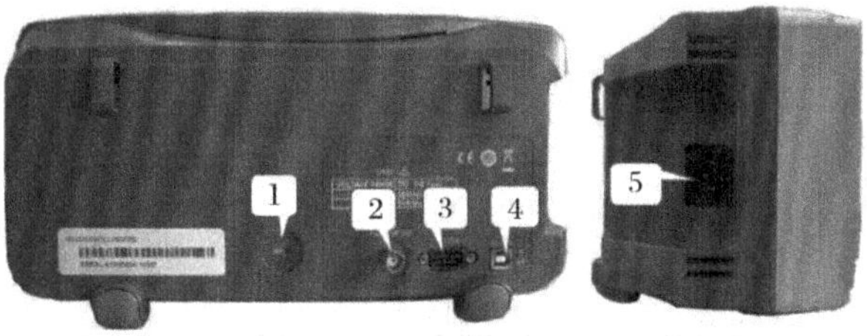

附图 1.6.3　SDS1000CML 背部接口

(1)安全锁孔:对示波器进行锁定。

(2)Pass/Fail 输出口:输出 Pass/Fail 检测脉冲。

(3)RS-232 连接口:示波器软件升级或程控操作及连接 PC 端测试软件。

(4)后 USBHost,USBDevice 接口:进行 U 盘存储、链接测试软件或波形打印。

(5)电源输入接口:三孔电源输入。

4. 功能检查

为了验证示波器是否正常工作,执行一次快速功能检查。操作步骤如下:

(1)打开示波器电源,示波器执行所有自检项目,并确认通过自检。按下【DEFAULT SETUP】按钮。探头选项默认的衰减设置为1X。

(2)将示波器探头上的开关设定到1X,并将探头与示波器的通道1连接。将探头连接器上的插槽对准CH1同轴电缆插接件(BNC)上的凸键,按下去即可连接,然后向右旋转以拧紧探头。将探头端部和基准导线连接到"探头元件"连接器上。功能检查连接图如附图1.6.4所示。

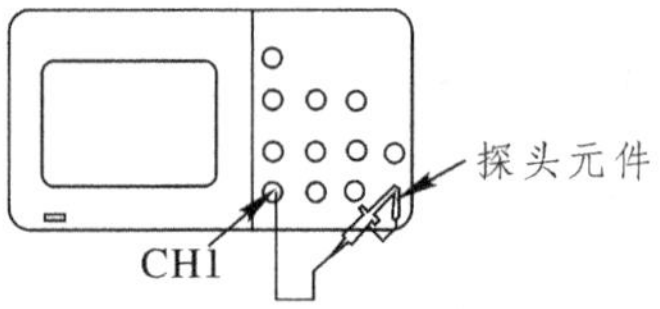

附图1.6.4 功能检查连接图

(3)按下【AUTO】按钮。几秒钟内,屏幕会显示频率为1kHz电压约为3V峰-峰值的方波,如附图1.6.5所示。

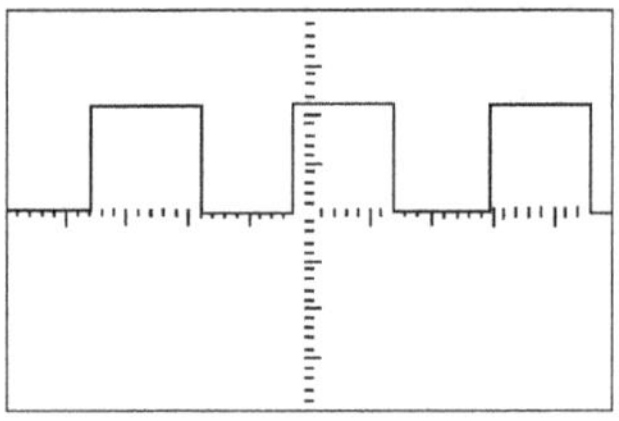

附图1.6.5 功能检查方波输出

(4)连按两次【CH1】按钮,删除通道1,按下【CH2】按钮,显示通道2,重复步骤(2)和步骤(3)。

5. 探头

(1)探头安全性。探头主体周围的防护装置可保护手指,以防止电击。进行任何测量前,将探头连接到示波器并将接地端接地。探头如附图1.6.6所示。

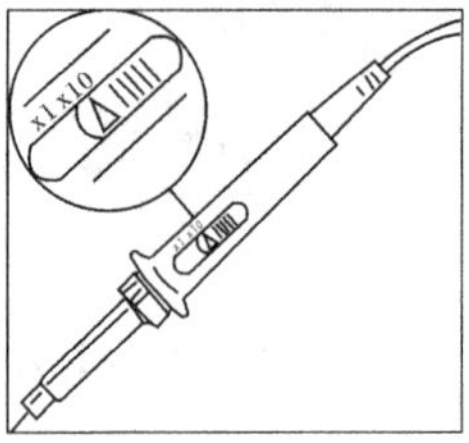

附图1.6.6 探头

注意:

在使用探头时避免电击,应使手指保持在探头主体上防护装置的后面。

在使用探头时避免电击,在探头连接到电压电源时不可接触探头顶部的金属部分。

示波器测量的信号是对“地”的参考电压,接地端请正确接地、不可造成短路。

(2)探头衰减设置。探头有不同的衰减系数,衰减系数会影响信号的垂直刻度。“探头检查”功能验证探头衰减选项是否与探头的衰减匹配。

按下垂直菜单按钮(例如【CH1】按钮),选择与探头衰减系数匹配的探头选项。

注意:探头选项默认的设置为1X。确保探头上的“衰减”开关与示波器中的“探头”选项匹配。开关设置为1X或10X。

如当“衰减”开关设置为1X时,探头将示波器的带宽限制到10MHz(各探头规格不一)。要使用示波器的全带宽,确保将开关设定到10X。

(3)探头补偿。首次将探头与任一通道连接时,进行此调节,使探头与通道匹配。未经补偿或补偿偏差的探头会导致测量误差或错误。若调整探头补偿,可以手动执行此调整来匹配探头和输入通道。探头补偿如附图1.6.7所示。

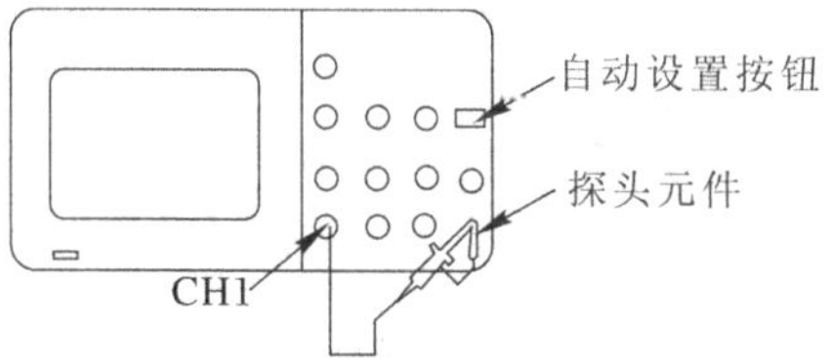

附图1.6.7　探头补偿

1)在通道菜单中将探头选项衰减设置为10X,将探头上的开关设定为10X,并将示波器探头与通道1连接。如使用探头钩形头,应确保钩式端部牢固地插在探头上。

2)将探头端部连接到“探头元件 ~3V”连接器上,基准导线连接到“探头元件接地”连接器上。显示通道,然后按下“AUTO”按钮。

3)检查显示波形的形状。波形显示如附图1.6.8所示。

4)如有必要,调整探头,必要时重复操作。

附图1.6.8　波形显示

二、功能介绍及操作

本章主要介绍了SDS1000L系列数字存储示波器的功能及使用方法。这些介绍不会包括SDS1000L所有功能的介绍,只提供一些如何使用菜单的基本操作。为了有效地使用示波器,需要了解示波器的下述功能:

■菜单和控制按钮;

■连接器;

■自动设置;

■默认设置；
■万能旋钮；
■垂直系统；
■水平系统；
■触发系统；
■信号获取系统；
■显示系统；
■测量系统；
■存储系统；
■辅助系统；
■在线帮助功能。

1. 菜单和控制按钮

SDS1000L 整个操作区域如附图 1.6.9 所示。菜单和控制按钮见附表 1.6.1。

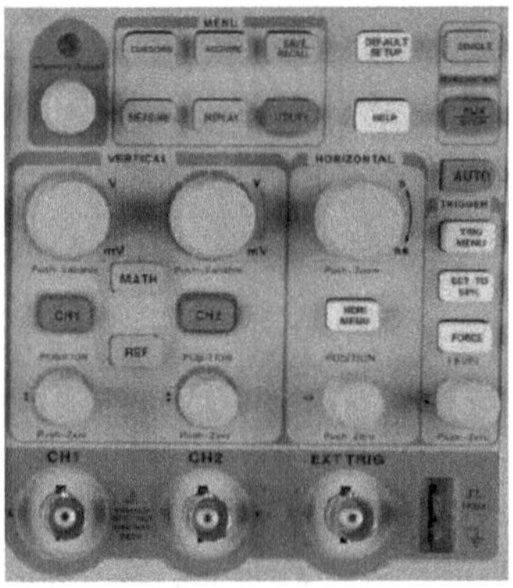

附图 1.6.9　菜单和控制按钮

附表 1.6.1　菜单和控制按钮

菜单和控制按钮	功能介绍
CH1,CH2	显示通道 1、通道 2 设置菜单
MATH	显示【数学计算】功能菜单
REF	显示【参考波形】菜单
HORIMENU	显示【水平】菜单
TRIGMENU	显示【触发】控制菜单
SETTO50%	设置触发电平为信号幅度的中点
FORCE	无论示波器是否检测到触发，都可以使用【FORCE】按钮完成对当前波形的采集。该功能主要应用于触发方式中的【正常】和【单次】
SAVE/RECALL	显示设置和波形的【存储/调出】菜单
ACQUIRE	显示【采样】菜单
MEASURE	显示【自动测量】菜单

续表

菜单和控制按钮	功能介绍
CURSORS	显示【光标】菜单。当显示【光标】菜单且无光标激活时,【万能旋钮】可以调整光标的位置。离开【光标】菜单后,光标保持显示(除非【类型】选项设置为【关闭】),但不可调整
DISPLAY	显示【显示】菜单
UTILITY	显示【辅助系统】功能菜单
DEFAULTSETUP	调出厂家设置
HELP	进入在线帮助系统
AUTO	自动设置示波器控制状态,以显示当前输入信号的最佳效果
RUN/STOP	连续采集波形或停止采集。注意:在停止状态下,对于波形垂直挡位和水平时基可以在一定范围内调整,即对信号进行水平或垂直方向上的扩展
SINGLE	采集单个波形,然后停止

2. 连接器

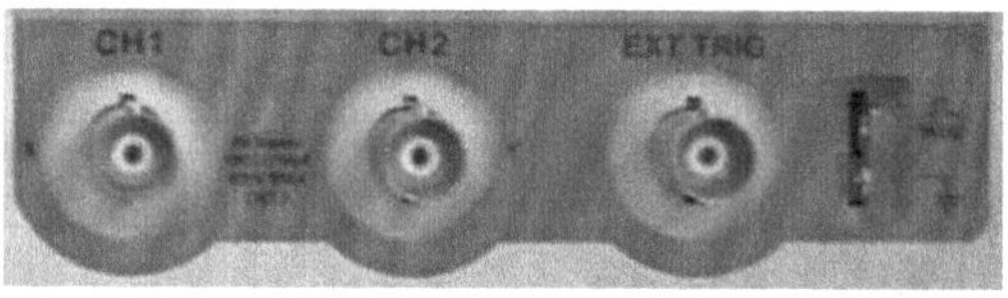

附图 1.6.10　连接器

【CH1,CH2】:用于显示波形的输入连接器。

【EXTTRIG】:外部触发源的输入连接器。使用【TRIGMENU】选择【EXT】或【EXT/5】触发源,这种触发信源可用于在两个通道上采集数据的同时在第三个通道上触发。

【探头元件】:电压探头补偿输出及接地,可使探头与示波器电路互相匹配。

注意:如将电压连接到接地端,在测试时可能会损坏示波器或电路。为避免此种情况发生,请不要将电压源连接到任何接地端。

3. 自动设置

SDS1000L 系列数字存储示波器具有自动设置的功能。根据输入的信号,可自动调整电压挡位、时基以及触发方式以显示波形最好形态。【AUTO】按钮为自动设置的功能按钮。自动设置功能菜单见附表 1.6.2。

附表 1.6.2　自动设置功能菜单

选项	说明
 (多周期)	设置屏幕自动显示多个周期信号
 (单周期)	设置屏幕自动显示单个周期信号
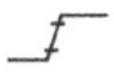 (上升沿)	自动设置并显示上升时间
 (下降沿)	自动设置并显示下降时间
 (撤销)	调出示波器以前的设置

自动设置也可在刻度区域显示几个自动测量结果,这取决于信号类型。【AUTO】自动设置基于以下条件确定触发源:

●如果多个通道有信号,则以具有最低频率信号的通道作为触发源。

●未发现信号,则将调用自动设置时所显示编号最小的通道作为触发源。

●未发现信号并且未显示任何通道,示波器将显示并使用通道 1。

向通道 1 接入一信号,按下 Auto 按钮,如附图 1.6.11 所示。自动设置功能项目见附表1.6.3。

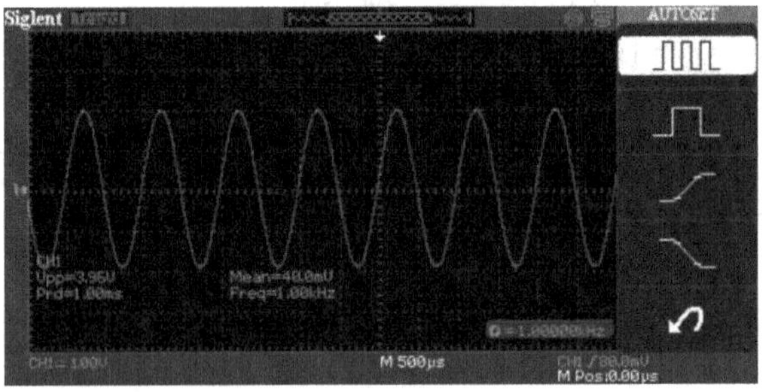

附图 1.6.11　自动设置

表 1.6.3　自动设置功能项目

功能	设置
采集模式	采样
显示方式	Y-T
显示类型	视频信号设置为【点】,FFT 谱设置为【矢量】;否则不改变
垂直耦合	根据信号调整到交流或直流
带宽限制	关闭(满带宽)
V/div	已调整
垂直挡位调节	粗调
信号反相	关闭
水平位置	居中
S/div	已调整
触发类型	边沿
触发信源	自动检测到有信号输入的通道
触发斜率	上升
触发方式	自动
触发耦合	直流
触发释抑	最小
触发电平	设置为 50%

4. 默认设置

示波器在出厂前被设置为用于常规操作,即默认设置。

【DEFAULTSETUP】按钮为默认设置的功能按钮,按下【DEFAULTSETUP】按钮调出厂家多数的选项和控制设置,有的设置不会改变,相关设置的改变请参阅附录B。

不会重新设置的选项:

●语言选项;

●保存的基准波形;

●保存的设置文件;

●显示屏对比度;

●校准数据。

5. 万能旋钮

SDS1000L系列有一个特殊的旋钮——【万能旋钮】(见附图1.6.12),此旋钮具有以下功能:

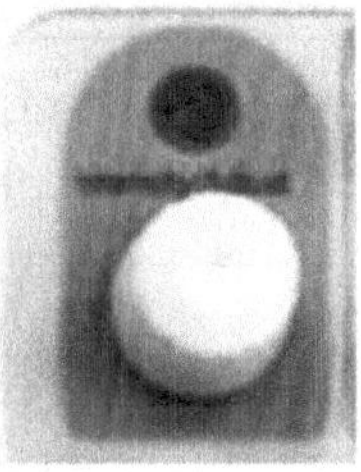

附图1.6.12　万能旋钮

(1)当旋钮上方灯不亮时,旋转旋钮可调节示波器波形亮度;

(2)在PASS/FAIL功能中,调节规则的水平和垂直容限范围;

(3)在触发菜单中,设置释抑时间、脉宽;

(4)光标测量中调节光标位置;

(5)视频触发中设置指定行;

(6)波形录制功能中录制和回放波形帧数的调节;

(7)滤波器频率上下限的调整;

(8)各个系统中调节菜单的选项;

(9)存储系统中,调节存储/调出设置、波形、图像的存储位置。

6. 垂直系统

如附图1.6.13所示,在垂直控制区(VERTICAL)有一系列的按键、旋钮。

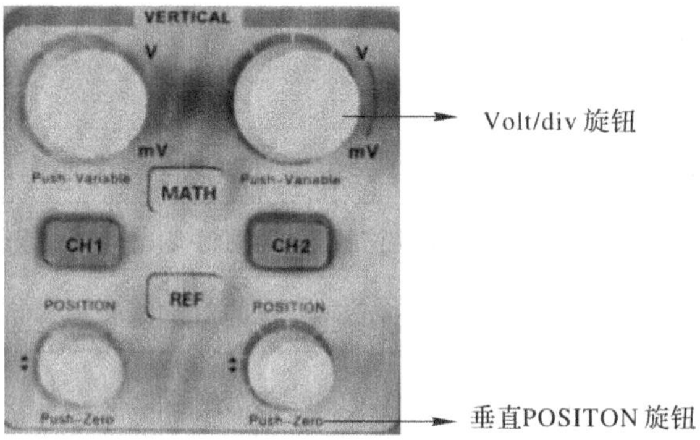

图1.6.13　垂直系统

可以使用垂直控制来显示波形、调整垂直刻度和位置。每个通道都有单独的垂直菜单。

每个通道都能单独进行设置。

(1) CH1,CH2 通道设置。CH1,CH2 功能菜单 1 见附表 1.6.4。其功能菜单 2 见附表 1.6.5。数字滤波功能菜单见附表 1.6.6。

附表 1.6.4　CH1,CH2 功能菜单 1

选项	设置	说明
耦合	直流 交流 接地	直流既通过输入信号的交流分量,又通过它的直流分量交流会阻碍输入信号的直流分量和低于 10Hz 的衰减信号接地会断开输入信号
带宽限制	开启 关闭	限制带宽,以便减小显示噪声;过滤信号,减小噪声和其他多余的高频分量
伏/格	粗调 细调	选择【伏/格】旋钮的分辨率。粗调定义一个 1-2-5 序列:2mv/div,5mv/div,…,10v/div;细调将分辨率改为粗调设置之间的小步进
探头	1X 5X 10X 50X 100X 500X 1000X	使其与所使用的探头类型相匹配,以确保获得正确的垂直读数
下一页	Page1/2	按此按钮进入第二页菜单

附表 1.6.5　CH1,CH2 功能菜单 2

选项	设置	说明
反相	开启 关闭	打开反相功能; 关闭波形反相功能
输入	1MΩ	设置输入阻抗为 1MΩ
数字滤波		按此按钮进入数字滤波菜单(见附表 1.6.6)
下一页	Page2/2	按此按钮返回第一页菜单

附表 1.6.6　数字滤波功能菜单

选项	设置	说明
数字滤波	开启 关闭	打开数字滤波器 关闭数字滤波器

续表

选项	设置	说明
滤波类型	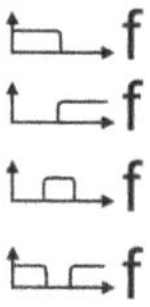	设置滤波器为低通滤技 设置滤波器为高通滤技 设置滤波器为带通滤技 设置滤波器为带阻滤技
频率上限		旋转万能旋钮设置频率上限
频率下限		旋转万能旋钮设置频率下限
返回		返回数字滤波主菜单

【接地】耦合:使用【接地】耦合可以显示一个零伏特波形。在内部,通道输入与零伏特参考电平连接。

细调分辨率:在细调分辨率设定中,垂直刻度读数显示实际的【Volts/div】设定。只有调整了【伏/格】控制后,将设定改变为粗调的操作才会改变垂直刻度。

CH1,CH2,MATH,REF 按钮:屏幕显示对应通道的操作菜单、标志、波形和挡位信息。

取消波形:要取消一个波形,可按下菜单按钮,以便通道显示它的垂直菜单。再次按下菜单按钮就可以取消波形。

注意:示波器垂直响应略微大于其带宽,这取决于型号,或当带宽限制选项设为“开”时,为 20MHz。因此,FFT 谱可以高于示波器带宽的有效频率信息。然而,接近或高于带宽的幅度信息将会不精确。

如果通道耦合方式为 DC,可以通过观察波形与信号地之间的差距来快速测量信号的直流分量。

如果耦合方式为 AC,信号里面的直流分量被滤除。这种方式方便用户用更高的灵敏度显示信号的分流分量。

1)通道耦合设置。以 CH1 通道为例,被测信号是一个含有直流偏置的正弦信号:按【CH1】选择【耦合】为【交流】,设置耦合方式为交流耦合,被测信号的直流分量被阻隔。如附图 1.6.14 所示。

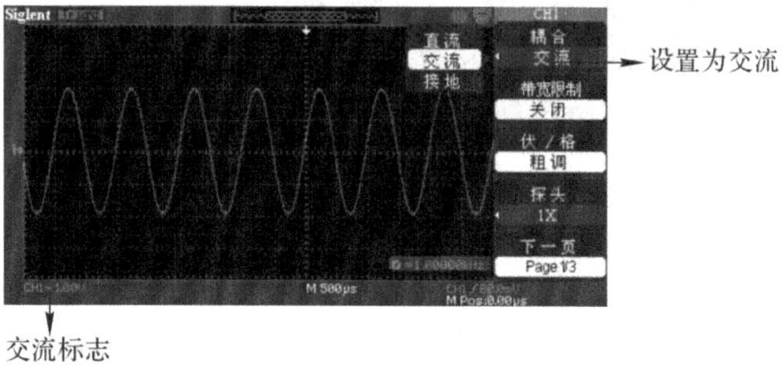

附图 1.6.14　通道耦合设置

按【CH1】选择【耦合】为【直流】,设置直流耦合。被测信号含有的直流分量和交流分量都可以通过。

按【CH1】选择【耦合】为【接地】,设置耦合方式接地。被测信号含有的直流分量和交流分量都被阻隔,示波器跟测试地相连,显示零电平信号。

2)设置通道带宽限制。以 CH1 通道为例,被测信号是一个含有高频振荡的脉冲信号:按【CH1】选择【带宽限制】为【开启】,设置带宽限制为开启状态。被测信号含有的大于 20MHz 的高频分量幅度被限制,如图 1.6.15 所示。

按【CH1】选择【带宽限制】为【关闭】,设置带宽限制为关闭状态。被测信号含有的高频分量幅度未被限制。

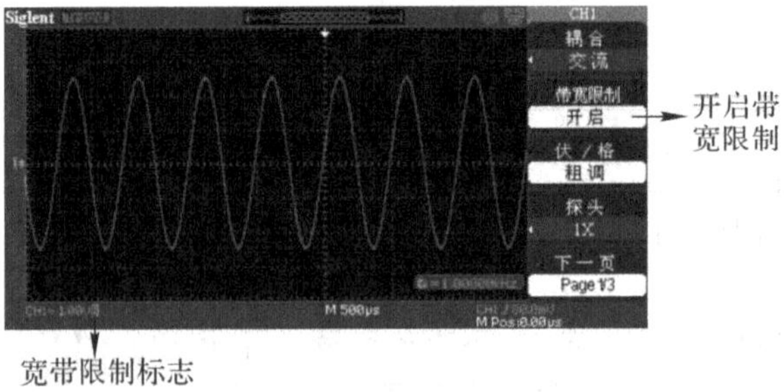

附图 1.6.15　设置带宽限制

3)挡位调节设置。垂直挡位调节分为粗调和细调两种模式,垂直灵敏度的范围是 2mV/div ~ 10V/div。以 CH1 通道为例:

●按【CH1】选择【伏/格】为【粗调】,粗调以 1-2-5 方式步进确定垂直灵敏度。

●按【CH1】选择【伏/格】为【细调】,细调在当前垂直挡位内进一步调整。如果输入的波形幅度在当前挡位略大于满刻度,而应用下一挡位波形显示幅度稍低,可以应用细调改善波形显示幅度,以利于观察信号细节,如附图 1.6.16 所示。

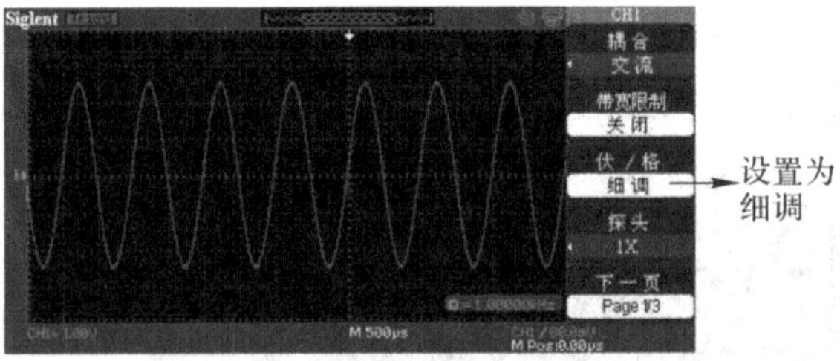

附图 1.6.16　挡位调节设置

4)探头比例设置。为了配合探头的衰减系数,需要在通道操作菜单响应调节探头衰减比例系数。若探头衰减系数为 10∶1,示波器输入通道的比例也应设置为 10X,以避免显示的挡位信息和测量的数据发生错误。以 CH1 通道为例,若应用 100∶1 探头时,按【CH1】选择“探头”为【100X】,如附图 1.6.17 所示。

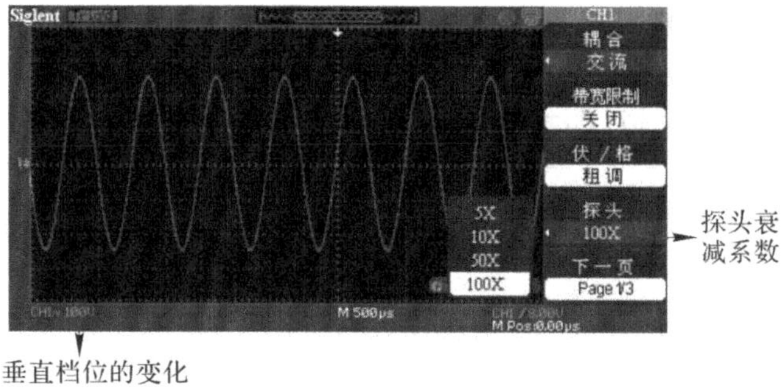

附图 1.6.17　探头比例设置

5)波形反相设置。以 CH1 通道为例:按【CH1】选择【反相】为【开启】,显示的信号相对于地电位翻转 180°,如附图 1.6.18 所示。

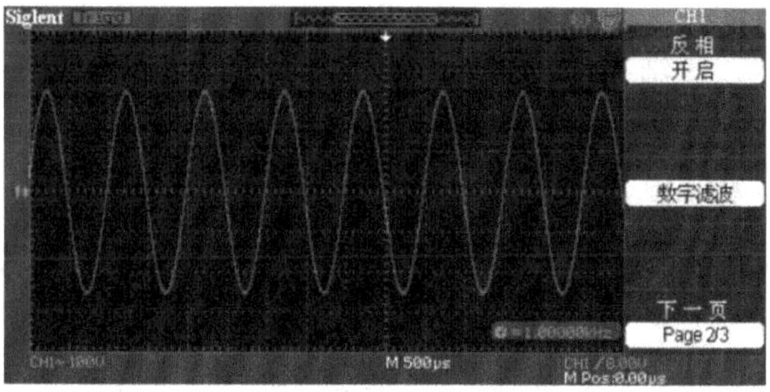

附图 1.6.18　波形反相设置

6)数字滤波设置。按【CH1】,再按【下一页】选择【数字滤波】,系统显示 FILTER 数字滤波功能菜单;选择【滤波类型】,再选择【频率上限】或【频率下限】,旋转万能旋钮设置频率上限和下限,选择或滤除设定频率范围。

按【CH1】选择【下一页】,再按【数字滤波】选择【关闭】,关闭数字滤波功能。

按【CH1】选择【下一页】,再按【数字滤波】选择【开启】,打开数字滤波功能如附图 1.6.19 所示。

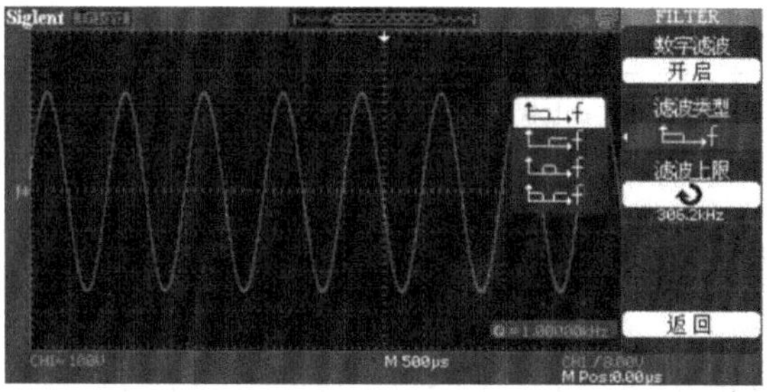

附图 1.6.19　数字滤波设置

(2) 垂直系统的【POSITION】旋钮和【Volt/div】旋钮的应用。

垂直【POSITION】旋钮：

1)此旋钮可调整所有通道(包括 MATH)波形的垂直位置。这个控制旋钮的分辨率根据垂直挡位而变化。

2)调整通道波形的垂直位置时,屏幕在左下角显示垂直位置信息。例如:"VoltsPos=24.6mV"。

3)按下垂直【POSITION】旋钮可使垂直位置归零。

【Volts/div】旋钮：

1)可以使用【Volts/div】旋钮调节所有通道的垂直分辨率控制器放大或衰减通道波形的信源信号。旋转【Volts/div】旋钮时,状态栏对应的通道挡位显示发生了相应的变化。

2)当使用【Volts/div】旋钮的按下功能时可以在【粗调】和【细调】间进行切换,粗调是以1-2-5方式步进确定垂直挡位灵敏度。顺时针增大垂直灵敏度,逆时针减小垂直灵敏度。细调是在当前挡位进一步调节波形显示幅度。同样顺时针增大显示幅度,逆时针减小显示幅度。

(3) MATH 功能的实现。数学运算(MATH)功能是显示 CH1,CH2 通道波形相加、相减、相乘、相除以及 FFT 运算的结果。按下【MATH】按钮可以显示波形的数学运算,再次按下【MATH】按钮可以取消波形运算。MATH 功能菜单见附表 1.6.7。数字计算功能说明见附表 1.6.8。CH1 与 CH2 的波形相加见附图 1.6.20。

附表 1.6.7　MATH 功能菜单

功能	设定	说明
操作	+、-、*、/、FFT	通道 1 与通道 2 波形的数学计算
反相	开启 关闭	打开 MATH 波形反相功能; 关闭 MATH 波形反相功能
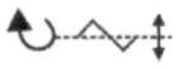		通过万能旋钮调节 MATH 波形垂直位置
		通过万能旋钮调节 MATH 波形挡位

附表 1.6.8　数学计算功能说明

运算	设置	说明
+	CH1+CH2	通道 1 的波形与通道 2 的波形相加
+	CH1-CH2 CH2-CH1	通道 1 的波形减去通道 2 的波形; 通道 2 的波形减去通道 1 的波形
*	CH1 * CH2	通道 1 的波形与通道 2 的波形相乘
/	CH1/CH2 CH2/CH1	通道 1 的波形除以通道 2 的波形; 通道 2 的波形除以通道 1 的波形
FFT	快速傅里叶变换运算	

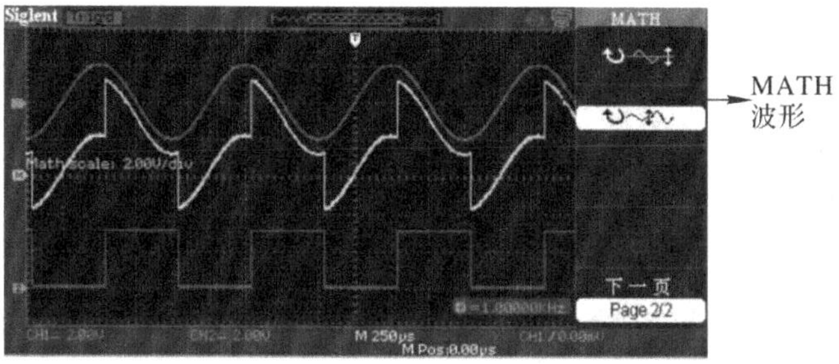

附图 1.6.20　CH1 与 CH2 的波形相加

FFT 频谱分析：使用 FFT(快速傅里叶变换)数学运算可将(YT)时域信号转换成频率分量(频谱)。可以使用数学 FFT 模式观察下列类型的信号：

- ●分析电源线中的谐波。
- ●测量系统中的谐波含量和失真。
- ●表现直流电源中的噪声特性。
- ●测试过滤器和系统的脉冲响应。
- ●分析振动。

FFT 功能菜单 1 见附表 1.6.9。FFT 功能菜单 2 见附表 1.6.10。

附表 1.6.9　FFT 功能菜单 1

FFT 选项	设定	说明
信源	CH1,CH2	选择该通道用作 FFT 信源
窗口	Hanning Hamming Rectangular Blackman	选择 FFT 窗口类型
水平放大	1X 2X 5X 10X	改变 FFT 显示图形的水平放大倍率
下一页	Page 1/2	进入 FFT 界面第二页
FFT 选项	设定	

附表 1.6.10　FFT 功能菜单 2

FFT 选项	设定	说明
垂直刻度	Vrms dBVrms	设定以 Vrms 为垂直刻度单位； 设定以 dBVrms 为垂直刻度单位
显示	全屏 分屏	全屏显示 FFT 波形； 半屏显示 FFT 波形
下一页	Page 2/2	返回到 FFT 界面第一页

使用数学计算 FFT 模式,需要执行下述步骤:

1)设置时域波形。

●按下【AUTO】显示一个 YT 波形。

●旋转垂直【POSITION】旋钮将 YT 波形垂直移到中心,这可确保 FFT 显示真实的真流值。

●旋转水平【POSITION】旋钮将要分析的部分 YT 波形定位在显示屏中心的 8 个分度中。示波器使用时域波形的 1 024 个中心点计算 FFT 谱。

●旋转【Volt/div】旋钮,确保整个波形都保留在显示屏上。

●旋转【S/div】旋钮,提供 FFT 谱中所需的分辨率。

●如果可能,将示波器设置为可显示多个信号周期。

设置显示正确的 FFT 图形,可执行下述步骤:

●按下"MATH"按钮。

●将"操作"选项设置为【FFT】。

●根据输入信号通道,选择信源为【CH1】或【CH2】。

●根据奈奎斯特定律,旋转【S/div】旋钮,使采样率(此参数显示在时基参数)至少为输入信号频率的 2 倍。

2)显示 FFT 谱。按下【MATH】按钮将显示数学计算菜单,使用各选项来选择"信源"通道、"窗口"算法、"水平放大"系数和垂直刻度。一次仅可显示一个 FFT 谱。可通过显示选项中的【全屏】和【分屏】来全屏显示或通道波形与其 FFT 波形分屏同时显示在屏幕上。分屏显示 FFT 波形如附图 1.6.21 所示。

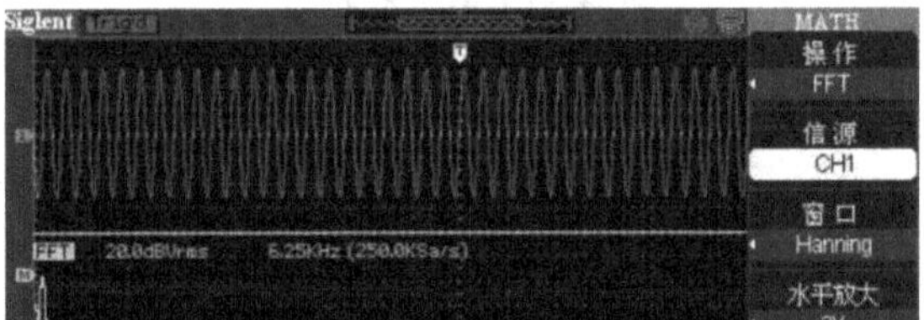

附图 1.6.21　分屏显示 FFT 波形

3)选择 FFT 窗口。由于示波器是对有限长度的时间记录进行 FFT 变换,FFT 算法是假设 YT 波形是不断重复的。这样当周期为整数时,YT 波形在开始和结束处波形的幅值相同,波形就不会中断。但是,如果 YT 波形的周期为非整数时,就引起波形开始和结束处的波形幅值不同,从而使连接处产生高频瞬态中断。在频域中,这种效应称为泄漏。因此,为避免泄漏的产生,在原波形上乘以一个窗函数,强制开始和结束处的值为 0。

根据要测定的项目和源信号特性确定要使用哪一种窗口。FFT 窗口说明见附表 1.6.11。

附表 1.6.11　FFT 窗口说明

窗口	特性	最适合的测量内容
Rectangular	最好的频率分辨,最差的幅度分辨率。相当于没采用窗口	暂态或短脉冲,信号电平在此前后大致相等;频率非常相近的等幅正弦波;具有变化比较缓慢波谱的带宽随机噪声
Hanning	与矩形窗比,频率较好,幅度较差	正弦、周期和窄带随机噪声
Hamming	Hamming 窗的频率分辨率稍好于 Hanning	暂态或短脉中,信号电平在此前后相差很大
Blackman	最好的幅度分辨,最差的频率分辨率	单频信号,寻找更高次谐波

4)放大并定位 FFT 谱。可放大并使用光标对 FFT 谱进行测量。示波器有一个可进行水平放大的“水平放大”选项,按此选项按钮可选择“1X”“2X”“5X”或“10X”,此外在 FFT 界面下旋转“S/div”旋钮也可实现 1 倍、2 倍、5 倍、10 倍的水平放大;要垂直放大,可旋转“Volts/div”旋钮。

5)使用光标测定 FFT 谱。可以对 FFT 谱进行两项测量:幅度(以 dB 为单位)和频率(以 Hz 为单位)。幅度参考点为 0dB,这里 0dB 等于 1Vrms。可以使用光标以任一放大系数进行测量。使用水平光标测定幅度,垂直光标测定频率。以 CH1 为例,操作如下:

测定 FFT 谱幅度:

①向通道 1 输入一个正弦信号,按下【AUTO】按钮。

②按下【MATH】按钮,进入数学计算菜单。

③按【操作】选项按钮选择【FFT】。

④按【信源】选项按钮选择【CH1】。

⑤按【CH1】按钮显示 CH1 菜单界面。

⑥旋转【S/div】旋钮调节采样率(要大于输入频率的 2 倍)。

⑦若在全屏下,再次按【CH1】按钮取消通道波形的显示。

⑧按【CURSOR】按钮,进入光标菜单。

⑨按【光标模式】按钮选择【手动】。

⑩按【类型】选项按钮选择【电压】。

⑪按【信源】选项按钮选择【MATH】。

⑫按【CurA】选项按钮,旋转【万能旋钮】使光标 A 移动到 FFT 波形的最高点。

⑬按【CurB】选项按钮,旋转【万能旋钮】使光标 B 移动到 FFT 波形的最低点。

⑭屏幕上△V 的值为 FFT 波形的幅值。测定 FFT 频谱幅如见附图 1.6.22 所示。

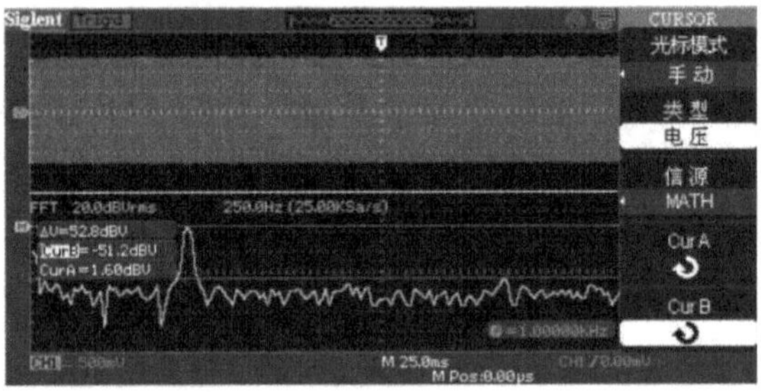

附图 1.6.22　测定 FFT 谱幅度

测定 FFT 谱频率：

①按光标菜单中的【类型】选项按钮选择【时间】。

②按【信源】选项按钮选择【MATH】。

③按 CurB 选项按钮，旋转万能旋钮使光标 A 移动到 FFT 谱的最高处。

④屏幕上 CurB 的值为 FFT 谱最高点的频率，此频率应和输入信号的频率相同，如附图 1.6.23 所示。

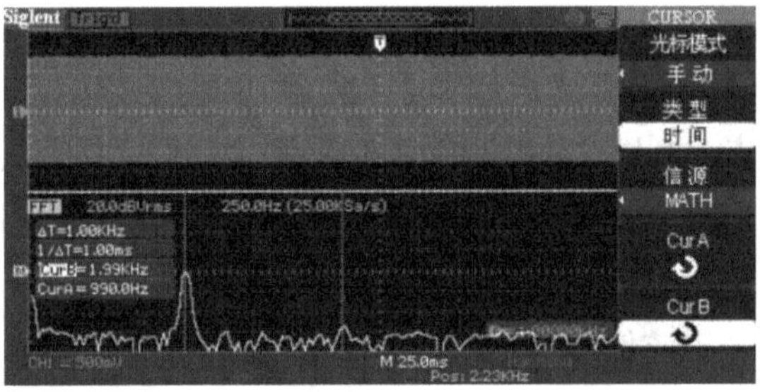

附图 1.6.23　测定 FFT 频谱

注意：具有直流成分或偏差的信号会导致 FFT 波形成分的错误或偏差。为减少直流成分可以选择交流耦合方式。

如果在一个大的动态范围内显示 FFT 波形，可以使用 dBVrms 垂直刻度，dB 刻度应用对数方式显示垂直幅度大小。

奈奎斯特频率：对最高量为 F 的波形，必须使用至少 $2F$ 的采样率才能重建波形。它也被称为奈奎斯特判则，这里 F 是奈奎斯特频率，而 $2F$ 是奈奎斯特率。

(4) REF 功能的实现。在实际测试过程中，可以对波形和参考波形样板进行比较，从而判断故障原因。此方法在具有详尽电路工作点参考波形条件下尤为适用。REF 功能菜单见附表 1.6.12。

附表 1.6.12　REF 功能菜单

选项	设置	说明
信源	CH1/CH2/CH1 关闭/CH2 关闭	选择显示波形进行储存
REFA REFB		选择储存或调出波形的参考位置
储存		将信源波形储存到选定的参考位置
REFA/REFB	开启 关闭	显示显示屏上的基准波形; 关闭显示屏上的基准波形

按下【REF】按钮显示参考波形菜单,如附图 1.6.24 所示。

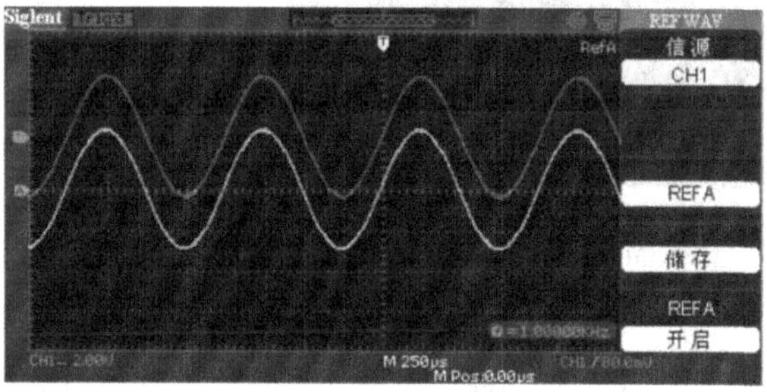

附图 1.6.24　参考波形菜单

操作说明:

①按下【REF】菜单按钮,显示参考波形菜单。

②选择参考波形的 CH1,CH2 中的任一通道。

③旋转垂直【POSITION】旋钮和【Volt/div】旋钮调整参考波形的垂直位置和挡位至适合的位置。

④按顶端第三个选项按钮选择【REFA】或【REFB】作为参考波形的存储位置。

⑤按下【储存】选项保存当前屏幕波形作为波形参考。

⑥按最底端选项按钮选择【REFA】为【开启】或【REFB】为【开启】调出参考波形,如附图 1.6.25 所示。

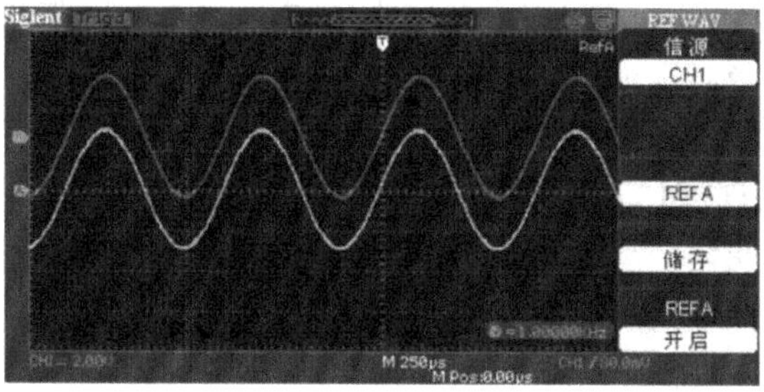

附图 1.6.25　参考波形应用实例

注意：若以 XY 方式存储波形，此存储不适用于参考波形。

在参考波形状态下不能调整其水平位置和挡位。

7. 水平系统

如附图 1.6.26 所示，在水平控制区（HORIZONTAL）有 1 个按键、2 个旋钮。

【HORIMENU】：按【HORIMENU】按钮显示【HORIMENU】水平菜单，在此菜单下可以开启/关闭窗口模式。此外，还可以设置水平【POSITION】旋钮的触发位移。菜单如附图 1.6.27 所示。

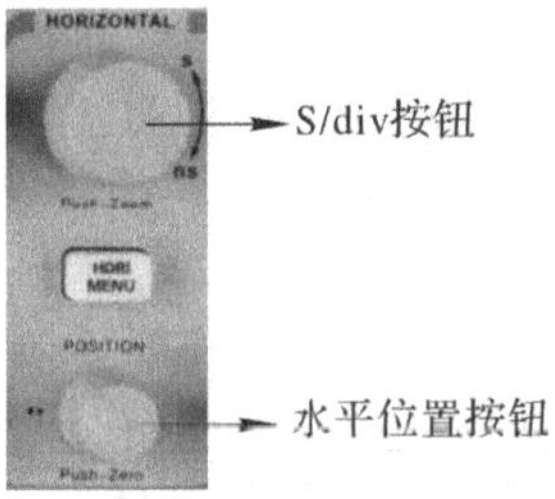

附图 1.6.26　水平系统

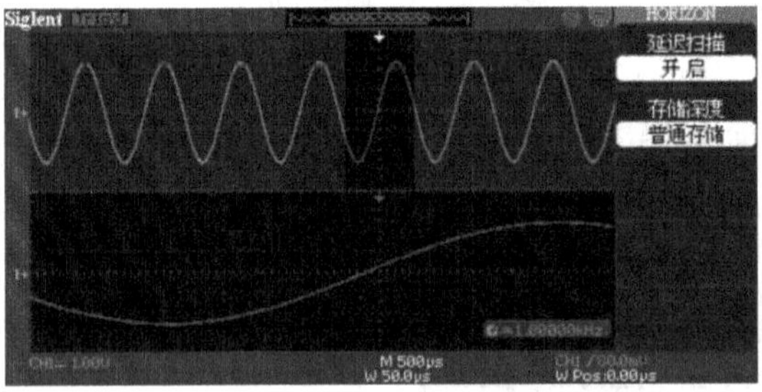

附图 1.6.27　HORIMENU 菜单

垂直刻度的轴为接地电平。靠近显示屏右下方的读数以秒为单位显示当前的水平位置。M 表示主时基，W 表示窗口时基。示波器还在刻度顶端用一个箭头图标来表示水平位置。

水平系统的功能菜单见附表 1.6.13。

表 1.6.13　水平系统的功能菜单

选项	设置	说明
延迟扫描	开启	显示原始波形的同时，在屏幕下半部分对选定波形区域进行水平扩展；
	关闭	关闭延迟扫描功能，只显示原始波形
存储深度	普通存储	存储深度为普通存储；
	长存储	设定存储深度为长存储，以获取更多的波形点数

（1）水平控制旋钮。使用水平控制旋钮可改变水平刻度（时基）、触发在内存中的水平位置（触发位移）。屏幕水平方向上的中心是波形的时间参考点。改变水平刻度会导致波形相对于屏幕中心扩张或收缩。水平位置改变波形相对于触发点的位置。

水平【POSITION】旋钮：

1）调整通道波形（包括 MATH）的水平位置（触发相对于显示屏中心的位置），这个控制旋钮的分辨率根据时基而变化。

2）使用水平“POSITION”旋钮的按下功能可以使水平位置归零。

【S/div”旋钮】：

1）用于改变水平时间刻度，以便放大或缩小波形。如果停止波形采集（使用【RUN/STOP】或【SINGLE】按钮实现），【S/div】控制就会扩展或压缩波形。

2)调整主时基或窗口时基,即秒/格。当使用窗口模式时,将通过改变【S/div】旋钮改变窗口时基而改变窗口宽度。

3)连续按S/div旋钮可在【主时基】、【延迟扫描】选项间切换。扫描模式显示当【S/div】控制设置为100ms/div或更慢,且触发模式设置为【自动】时,示波器就进入扫描采集模式。

在此模式下,波形显示从左向右进行更新。在扫描模式期间,不存在波形触发或水平位置控制。用扫描模式观察低频信号时,应将通道耦合设置为直流。

(2)延迟扫描。延迟扫描用来放大一段波形,以便查看图像细节。窗口模式时基设定不能慢于主时基的设定。

在窗口区可以通过转动水平【POSITION】旋钮左右移动,或转动【S/div】旋钮扩大和减小选择区域。注意,窗口时基相对于主时基提高了分辨率,因此转动【S/div】旋钮减小选择区域可以提高窗口时基,即提高了波形的水平扩展倍数。

若要观察局部波形的细节,可执行下述步骤:

1)按【HORIMENU】按钮,显示【水平】菜单。

2)延迟扫描选择并启来带起延迟扫描功能。

3)旋转【S/div】旋钮(调节窗口的大小)和旋转水平【POSITION】旋钮(调节窗口的位置),选定您要观察的波形的窗口,窗口时基不能慢于主时基。

8.触发系统

触发器将确定示波器开始采集数据和显示波形的时间。正确设置触发器后,示波器就能将不稳定的显示结果或空白显示屏转换为有意义的波形。

如附图1.6.28所示,在触发控制区(TRIGGER)有1个旋钮、3个按键。

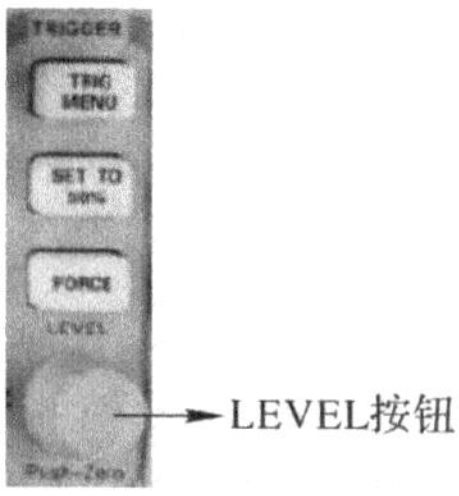

附图1.6.28 触发系统

【TRIG MENU】:使用【TRIG MENU】按钮调出触发菜单。

【SET TO 50%】:使用此按钮可以快速稳定波形。示波器可以自动将触发电平设置为大约是最小和最大电压电平间的一半。当把信号连接到【EXTTRIG】BNC并将信源设置为【EXT】或【EXT/5】时,此按钮很有用。

【FORCE】:无论示波器是否检测到触发,都可以使用"FORCE"按钮完成当前波形采集。主要应用于触发方式中的【正常】和【单次】。

【LEVEL】:触发电平设定触发点对应的信号电压,以便进行采样。按下"LEVEL"旋钮可使触发电平归零。预触发/延迟触发:触发事件以前/后采样的数据。触发位置通常设定在屏幕的水平中心。在全屏显示情况下,可以观察到预触发和延迟信息,您还可以旋转水平。

【POSITION】旋钮调节波形的水平位移,查看更多的预触发信息或者延迟触发信息。通过观察触发数据，可以了解触发以前的信号情况。例如捕捉到电路产生的毛刺，通过观察和分析预触发数据，可能会查出毛刺产生的原因。注意，慢扫描状态下，预触发和延迟触发无效。

（1）信源。可使用【信源】选项来选择示波器用作触发源的信号。信源可以是连接到通道BNC、外部触发 BNC 或交流电源线（仅用于【边沿】触发）的任何信号。

（2）类型。示波器提供五种触发类型：边沿、脉冲、视频、斜率和交替。

1）边沿触发。当触发输入沿给定方向通过某一给定电平时，边沿触发发生。其功能菜单见附表 1.6.14。触发设置功能菜单见附表 1.6.15。

附表 1.6.14　边沿触发的功能菜单

选项	设置	说明
类型	边沿	当跨过触发电平时，输入信号的上升或下降边沿用于触发
信源	CH1/CH2	将输入信源作为触发信号
	EXT	设置外触发输入通道作为信源触发信号
	EXT/5	设置外触发源除以 5，扩展外触发电平范围
	AC Line	此项把来自电源线导出的信号用作触发信源。触发耦合设置为直流，触发电平为 0
斜率	↑ ↓ ↑↓	选择触发信号在上升沿触发； 选择触发信号在下降沿触发； 选择触发信号在上升沿和下降沿触发
触发方式	自动	使用此模式可以在没有有效触发时自由运行采信。允许在 100ms/div 或更慢的时基设置下处理未触发的扫描波形
	正常	当仅想查看有效触发的波形时，才用此模式。只有满足触发条件才采集波形
	单次	设置检测到一次触发时采集一个波形，然后停止

附表 1.6.15　触发设置功能菜单

选项	设置	说明
耦合	直流 交流 高频抑制 低频抑制	通过信号的所有分量； 阻碍直流分量，衰减 50Hz 以下的信号； 衰减 150kHz 以上的高频分量； 阻碍直流分量，衰减 7kHz 以下的低频分量
触发释抑↺		可用万能旋钮调整释抑时间（秒），显示释抑值
触发释抑复位		使触发释抑时间恢复到最小值 100ns
返回		返回到触发菜单主页

操作说明：

①设置类型：【TRIG MENU】按钮显示触发菜单，按【类型】选项按钮选择【边沿】。

②设置信源：根据信号输入，按【信源】选项按钮选择【CH1】/【CH2】/【EXT】/“EXT/5”或【ACLine】。

③设置斜率：按【斜率】选项按钮选择【上升沿】、【下降沿】或【↑↓】。

④设置触发方式：按【触发方式】选项按钮选择【自动】、【正常】或【单次】。自动：波形在不管是否满足触发条件下都刷新。正常：波形在满足触发条件下刷新，不满足触发条件时不刷新，等待下一次触发的发生。单次：在满足触发条件下采集一次波形，然后停止。

⑤设置触发耦合：按【触发设置】按钮进入触发设置菜单。按【耦合】选项按钮选择【直流】、【交流】、【高频抑制】或【低频抑制】。

边沿触发如附图 1.6.29 所示。

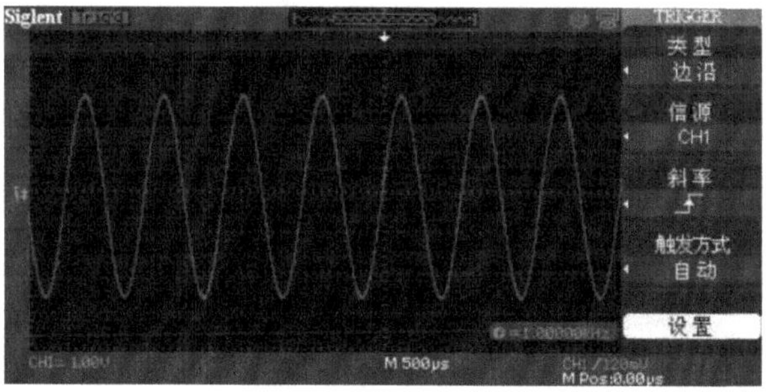

附图 1.6.29　边沿触发

2）脉冲触发。设定一定的条件捕捉异常脉冲。脉冲触发功单菜单 1、菜单 2 见附表 1.6.16、附表 1.6.17。菜单 1、菜单 2 如附图 1.6.30、附图 1.6.31 所示。

附表 1.6.16　脉冲触发的功能菜单 1

选项	设置	说明
类型	脉冲	选择脉冲时，将触发符合触发条件的脉冲
信源	CH1，CH2	将输入信源选为触发信号
	EXT EXT/5	把外加在【EXT TRIG】连接器上的信号用作信源
条件	（正脉宽小于） （正脉宽大于） （正脉宽等于） （负脉宽小于） （负脉宽大于） （负脉宽等于）	选择如何相对于在【脉宽设置】选项中的设定值比较触发脉冲
脉宽设置	20.0ns ~ 10.0s	选择此项可以使用万能旋钮设置脉冲宽度
下一页	page1/2	按此按钮进入下一页菜单

附表 1.6.17 脉冲触发功能菜单 2

选项	设置	说明
类型	脉冲	选择脉冲时,将触发符合触发条件的脉冲
触发方式	自动 正常 单次	选择触发类型。【正常】模式适用于大多数【脉冲宽度】触发的应用
设置		进入触发设置菜单(见附表 1.6.13)
下一页	Page2/2	按此按钮返回第一页菜单

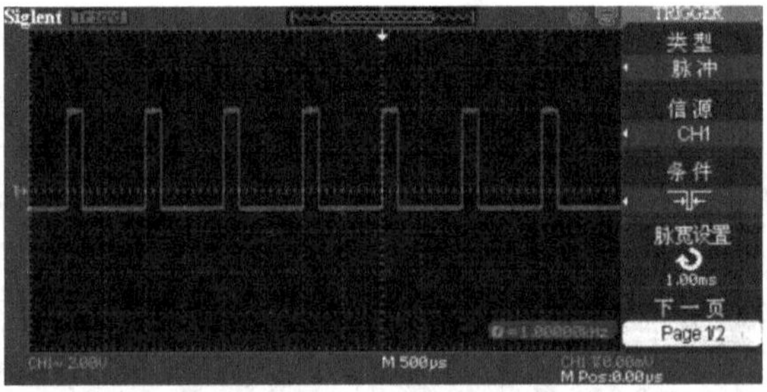

附图 1.6.30　脉冲触发功能菜单 1

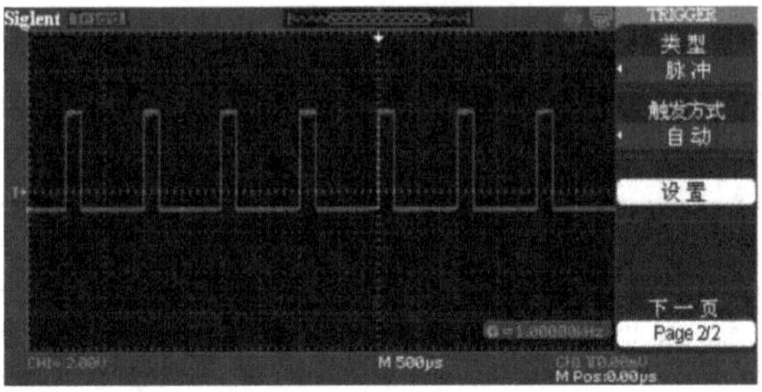

附图 1.6.31　脉冲触发功能菜单 2

操作说明:

①设置类型:按【TRIGMENU】按钮显示触发菜单。按【类型】选项按钮选择【脉冲】。对脉冲触发的信源的设置类似于边沿触发。

②设置条件:按【条件】选项按钮选择【⊣⊢】(正脉宽小于)、【⊢⊣】(正脉宽大于)、【⊢⊣】(正脉宽等于)、【⊣⊢】(负脉宽小于)、【⊢⊣】(负脉宽大于)或【⊢⊣】(负脉宽等于)。

③设置脉宽:旋转万能旋钮设置脉宽。按【下一页】选项按钮进入脉冲触发菜单第二页,对触发方式和触发耦合的设置类似于边沿触发。

3)视频触发。对标准视频信号进行场或行视频触发。视频触发的功能菜单 1 见附表 1.6.18和附图 1.6.32。其功能菜单见附表 1.6.19。

附表 1.6.18　视频触发的功能菜单 1

选项	设置	说明
类型	视频	选择视频时,将触发 NTSC,PAL 或 SECAM 标准视频信号,触发耦合预设为交流
信源	CH1,CH2	将输入信源选为触发信号
	EXT/EXT/5	把外加在"EXT TRIG"连接器上的信号用作信源
极性	⎍(标准) ⊔(反向)	触发同步脉冲的负沿 触发同步脉冲的正沿
同步	指定行 所有行 奇数场 偶数场	选择适当的视频同步
下一页	Page1/2	进入视频菜单第二页菜单

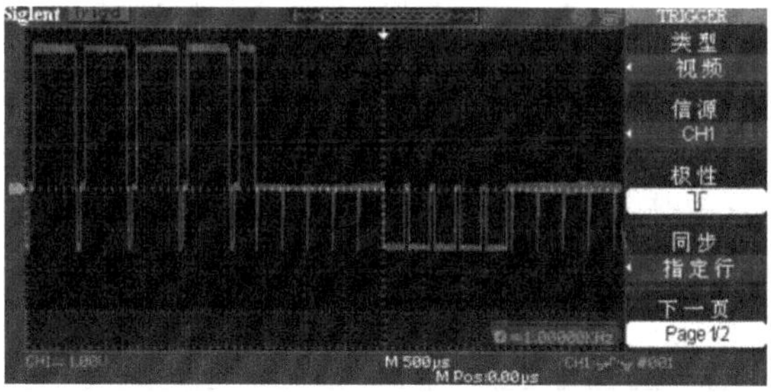

附图 1.6.32　视屏触发功能菜单 1

附表 1.6.19　视频触发的功能菜单 2

选项	设置	说明
类型	视频	选择视频时,将触发 NTSC,PAL 或 SECAM 标准视频信号,触发耦合预设为交流
标准	NTSC PAL/SECAM	为同步和行数计数选择视频标准
触发方式	自动	使用此模式可以在没有有效触发时自由运行采集。允许在 100ms/div 或更慢的时基设置下处理未触发的扫描波形
	正常	当仅想查看有效触发的波形时,才用此模式。只有满足触发条件才采集波形
	单次	设置检测到一次触发时采集一个波形,然后停止
设置		进入触发设置菜单(见附表 1.6.15)
下一页	Page2/2	返回到视频触发菜单第一页

操作说明：

①设置类型：按“TRIGMENU”按钮显示触发菜单，按【类型】选项按钮选择【视频】。对视频触发的信源的设置类似于边沿触发。

②设置极性按“极性”选项按钮选择【⊓】或【⊔】。

③设置同步按【同步】选项按钮选择【所有行】、【指定行】、【奇数场】或【偶数场】。若选择【指定行】，可通过旋转万能旋钮来设置指定的行数。

④设置标准按【下一页】的【Page2/2】选项按钮，按【标准】选项按钮选择【PAL/SECAM】或【NTSC】。

4）斜率触发。斜率触发可对示波器设置的指定时间的正斜率或负斜率触发。斜率触发功能菜单 1 见附表 1.6.20 和附图 1.6.33。功能菜单 2 见附表 1.6.21 和附图 1.6.34。

附表 1.6.20　斜率触发功能菜单 1

选项	设置	说明
类型	斜率	对示波器设置的指定时间的正斜率或负斜率触发
信源	CH1，CH2 EXT，EXT/S	将输入信源选为触发信号
条件	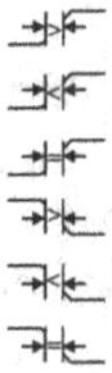	选择斜率条件
时间	↻（设置时间）	旋转“万能”旋钮设定斜率时间，时间设置范围为 20ns ~ 10s
下一页	Page1/2	进入斜率触发的第二页菜单

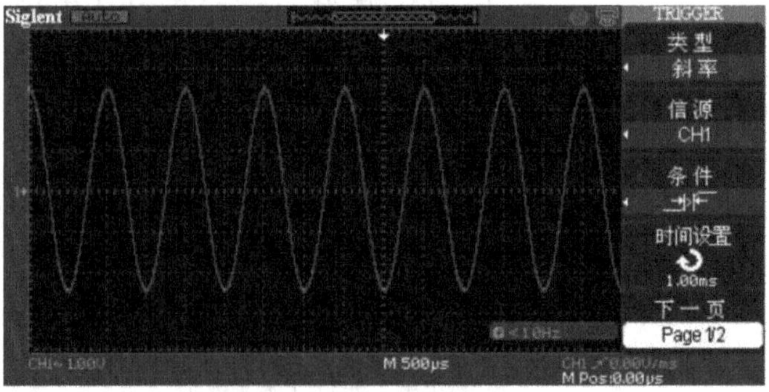

附图 1.6.33　斜率触发功能菜单 1

附表 1.6.21　斜率触发功能菜单 2

选项	设置	说明
类型	斜率	对示波器设置的指定时间的正斜率或负斜率触发
垂直窗	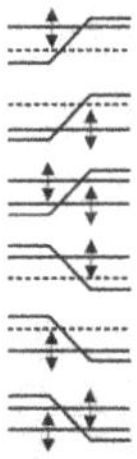	选择能被“LEVEL”旋钮调节的触发电平。可调节“LEVELA”“LEVELB”或同时调节“LEVELA”和“LEVELB”
触发方式	自动	使用此模式可以在没有有效触发时自由运行采集。允许在 100ms/div 或更慢的时基设置下处理未触发的扫描波形
	正常	当仅想查看有效触发的波形时,才用此模式。只有满足触发条件才采集波形
	单次	设置检测到一次触发时采集一个波形,然后停止
设置		进入触发设置菜单(见表 1.6.13)
下一页	Page2/2	返回到斜率触发菜单第一页

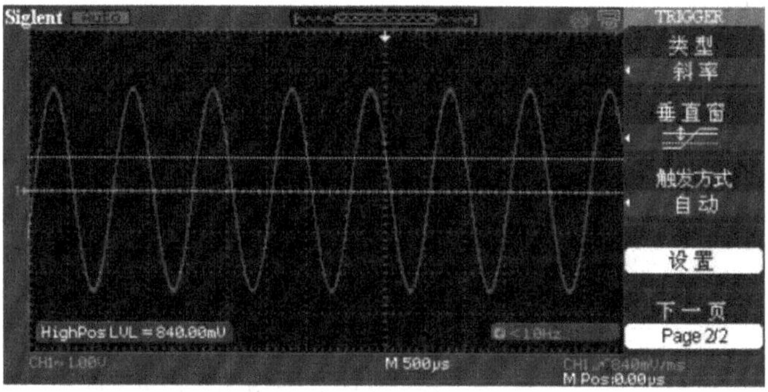

附图 1.6.34　斜率触发功能菜单 2

选择【斜率触发】类型可执行下述操作:

①向 CH1/CH2 输入一信号。

②按【AUTO】按钮。

③按【TRIG MENU】按钮进入触发菜单。

④按【类型】选项按钮选择【斜率】。

⑤按【信源】选项按钮选择【CH1】/【CH2】。

⑥按【条件】选项按钮选择【】、【】、【】、【】、【】或【】。

⑦按【时间】按钮,旋转万能旋钮调节斜率时间。

⑧按【下一页】选项按钮进入斜率触发第二页菜单。

⑨按【垂直窗】选项按钮选择可被调节的触发电平。

⑩旋转【触发电平】旋钮。

5)交替触发。选择交替触发时,触发信号来自于两个垂直通道,此方式可用于同时观察两个不相关的信号。可为两个通道信号选择不同的触发类型。可选择的触发类型为边沿、脉冲、视频、斜率。两通道的触发类型及触发电平信息显示在屏幕的右下角。交替角发菜单如附图 1.6.35。触发类型为边沿、脉冲、视频、斜率功能菜单 1、菜单 2 分别详如附表 1.6.22、附表 1.6.23、附表 1.6.24、附表 1.6.25、附表 1.6.26、附表 1.6.27 和附表 1.6.28。

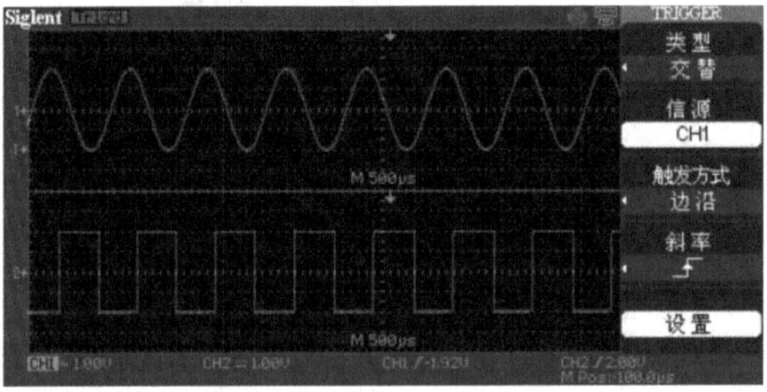

附图 1.6.35　交替触发菜单

附表 1.6.22 触发类型为边沿触发功能菜单 1

选项	设置	说明
类型	交替	触发信号来自于两个垂直通道,此方式可用于同时观察两个不相关的信号。可为两个通道信号选择不同的触发类型
信源	CH1/CH2	设置通道 1/通道 2 信号的触发类型信息
触发方式	边沿	设置垂直通道信号的触发类型为边沿触发
斜率	↑ ↓ ↑↓	选择触发信号在上升沿触发; 选择触发信号在下降沿触发; 选择触发信号在上升沿和下降沿触发
设置		进入触发设置菜单(见附表 1.6.15)

附表 1.6.23　触发类型为脉冲触发功能菜单 1

选项	设置	说明
类型	交替	触发信号来自于两个垂直通道,此方式可用于同时观察两个不相关的信号。可为两个通道信号选择不同的触发类型
信源	CH1 CH2	设置通道 1 信号的触发类型信息; 设置通道 2 信号的触发类型信息
触发方式	脉冲	设置垂直通道信号的触发类型为边沿触发

选项	设置	说明
条件	（正脉宽小于） （正脉宽大于） （正脉宽等于） （负脉宽小于） （负脉宽大于） （负脉宽等于）	选择如何相对于在“设置脉冲宽度”选项中的设定值比较触发脉冲
下一页	Page1/2	进入交替触发第二页菜单

附表 1.6.24　触发类型为脉冲触发功能菜单 2

选项	设置	说明
脉宽设置	20.0ns ~ 10.0s	选择此项可以使用“万能”旋钮设置脉冲宽度
设置		进入触发设置菜单（见附表 1.6.15）
下一页	Page2/2	返回到交替触发第一页菜单

附表 1.6.25　触发类型为视频触发功能菜单 1

选项	设置	说明
类型	交替	触发信号来自于两个垂直通道，此方式可用于同时观察两个不相关的信号。可为两个通道信号选择不同的触发类型
信源	CH1 CH2	设置通道 1 信号的触发类型信息； 设置通道 2 信号的触发类型信息
触发方式	视频	设置垂直通道信号的触发类型为视频触发
极性	（标准） （反向）	设置信号在上升边沿触发； 设置信号在下降边沿触发
下一页	Page1/2	进入交替触发第二页菜单

附表 1.6.26　触发类型为视频触发功能菜单 2

选项	设置	说明
同步	指定行 所有行 奇数场 偶数场	选择适当的视频同步
标准	NTSC PAL/SECAM	为同步和行数计数选择视频标准
下一页	page2/2	返回到交替触发第一页菜单

附表 1.6.27　触发类型为斜率触发功能菜单 1

选项	设置	说明
类型	交替	触发信号来自于两个垂直通道,此方式可用于同时观察两个不相关的信号。可为两个通道信号选择不同的触发类型
信源	CH1/CH2	设置通道 1/通道 2 信号的触发类型信息
触发方式	斜率	设置垂直通道信号的触发类型为斜率触发
条件	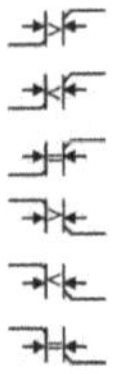	选择斜率条件
下一页	Page1/2	进入交替触发第二页菜单

附表 1.6.28　触发类型为斜率触发功能菜单 2

选项	设置	说明
时间	↻ (设置时间)	旋转"万能"旋钮设定斜率时间。时间设置范围:20ns ~ 10s
垂直窗	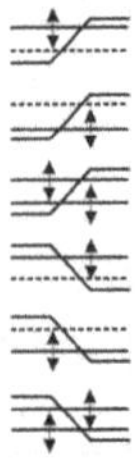	选择能被【LEVEL】旋钮调节的触发电平。可调节【LEVELA】、【LEVELB】或同时调节【LEVELA】和【LEVELB】
设置		进入触发设置菜单(见附表 1.6.15)
下一页	Page2/2	返回到交替触发第一页菜单

同时观察两路不相关信号,可执行下述操作:

①向 CH1 和 CH2 接入两个不相关的信号。

②按 AUTO 按钮。

③按【TRIG MENU】按钮进入触发菜单。

④按【类型】选项按钮选择【交替】。

⑤按【信源】选项按钮选择输入的一个垂直通道。

⑥旋转【S/div】旋钮使通道波形正常显示。

⑦重复步骤 3,按【触发方式】选择【边沿】、【脉冲】、【斜率】或【视频】。

⑧根据选择类型对触发进行设置使其稳定触发。

⑨按【信源】选项按钮选择输入的另外一个垂直通道。

⑩旋转【S/div】旋钮使通道波形正常显示。

⑪重复步骤 3,按【触发方式】选项按钮选择【边沿】、【脉冲】或【视频】。

⑫重复步骤 8。

(3)耦合。可使用【耦合】选项确定哪一部分信号将通过触发电路,这有助于获得一个稳定的显示波形。要使用触发耦合,可按下【TRIG GER】按钮,选择一个【边沿】或者【脉冲】触发,然后在【设置】菜单里选择一个【耦合】选项。

(4) 位置。【水平位置】控制可确定触发位置与显示屏中心之间的时间。可以调整【水平位置】控制来查看触发前、触发后或触发前后的波形数据。改变波形的水平位置时实际上改变的是触发位置和显示屏中心之间的时间(这看起来是在显示屏上向右或向左移动波形)。

(5) 斜率和电平。【斜率】和【电平】控制有助于定义触发器。【斜率】选项(仅限于【边沿】触发类型)确定示波器是在信号的上升边沿还是在下降边沿找到触发点。触发电平旋钮控制触发点在边沿的什么位置出现。斜率和电平如附图 1.6.36 所示。

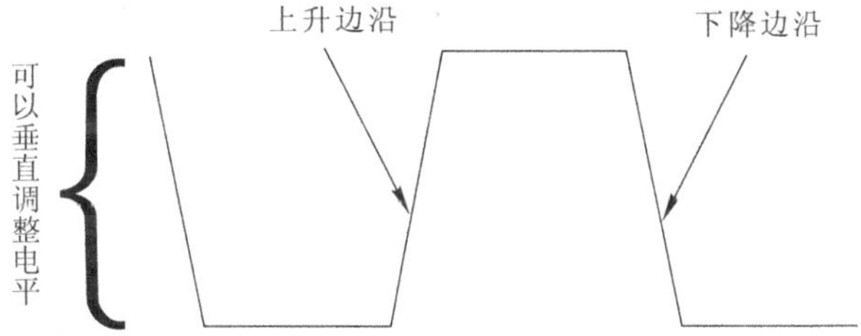

附图 1.6.36　斜率和电平

注意:要执行单次序列采集,可按下【SINGLE】按钮。

触发耦合仅影响通过触发系统的信号,它不影响显示屏上所显示信号的带宽或者耦合。

同步脉冲:选择标准极性时,通常触发负向同步脉冲。如果视频信号含有正向同步脉冲,可使用反向极性选项。

(6)触发释抑。可以使用触发释抑功能来生成稳定的复杂波形显示。释抑是指示波器在检测某个触发和准备检测另一个触发之间的时差。在释抑期间,示波器不会触发。对于一个脉冲列,可以调整释抑时间,以使示波器仅在该列的第一个脉冲触发。触发释抑如附图1.6.37 所示。

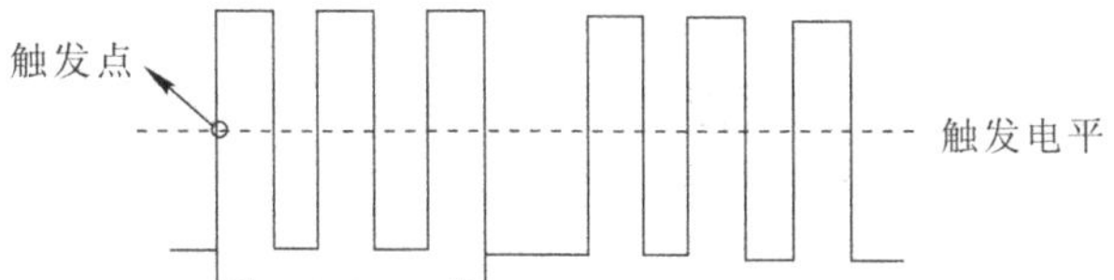

附图 1.6.37　触发释抑

要改变释抑时间,可以进行下述操作:

①按下【TRIG MENU】按钮,显示【触发菜单】。

②按【类型】选项按钮,选择触发类型。

③按【触发设置】选项按钮进入【触发设置菜单】。

④选择【触发释抑】功能。

⑤调节万能旋钮可以改变释抑时间,直至波形稳定触发。

注意:使用释抑有助于稳定非周期波形的显示。

9. 信号获取系统

如附图 1.6.38 所示,【ACQU$_{\mathrm{i}}$RE】为信号获取系统的功能按键。其功能菜单见附表1.6.29。

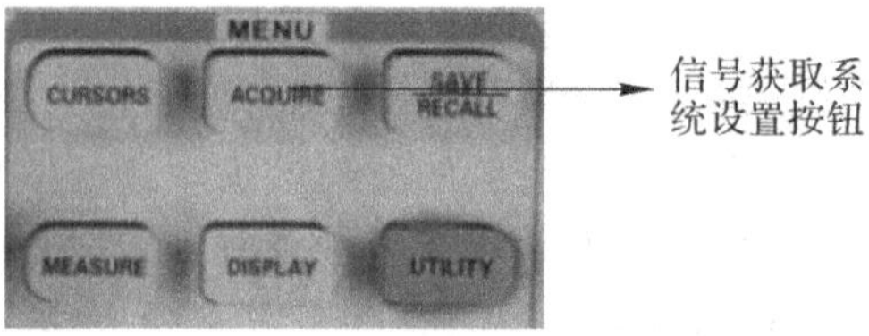

附图 1.6.38　信号获取系统

附表 1.6.29　信号获取系统的功能菜单

选项	设定	说明
获取方式	采样	用于采集和精确显示多数波形
	峰值检测	用于检测毛刺并减少“假波现象”的可能性
	平均值	用于减少信号显示中的随机或不相关的噪声
	平均次数(4,16,32,64,128,256)	选择平均次数
sinx/x	sinx/x	启用正弦/线性插值
采样方式	等效采样 实时采样	设置采样方式为等效采样 设置采样方式为实时采样
采样率		显示系统采样率

采集信号时,示波器将其转换为数字形式并显示波形。采集模式定义采集过程中信号被数字化的方式和时基设置影响采集的时间跨度和细节程度。

采样:示波器以均匀时间间隔对信号进行取样以建立波形。

优点:此模式多数情况下可以精确表示信号。

缺点:此模式不能采集取样之间可能发生的快速信号变化,这可以导致“假波现象”并可能漏掉窄脉冲,这些情况下应使用“峰值检测”模式。

采样模式如附图 1.6.39 所示。

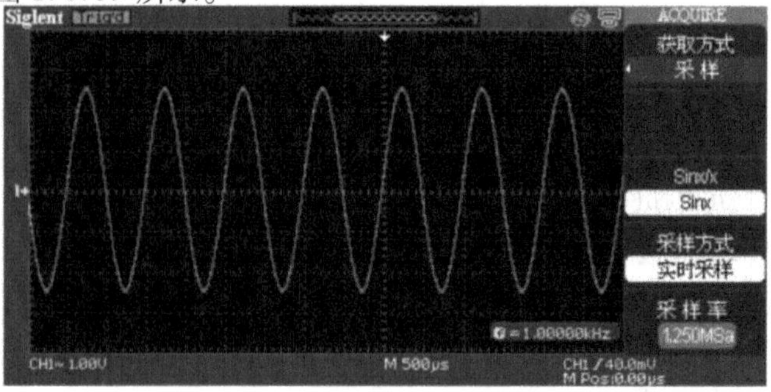

附图 1.6.39　采样模式

峰值检测:示波器在每个取样间隔中找到输入信号的最大值和最小值,并使用这些值显示波形。

优点:此模式可以获取并显示可能丢失的窄脉冲,并可避免信号的混淆。

缺点:此模式显示的噪声比较大。

峰值检测模式如附图 1.6.40 所示。

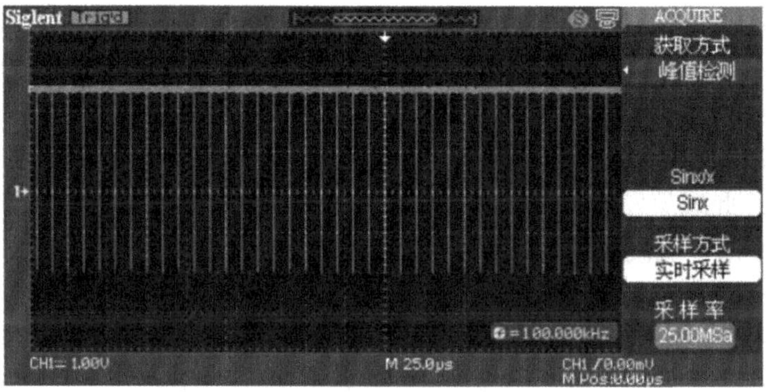

附图 1.6.40　峰值检测模式

平均值:示波器采集几个波形,将其平均然后显示最终波形。

优点:此模式可减少所显示信号中的随机或无关噪音。

平均值模式如附图 1.6.41 所示。

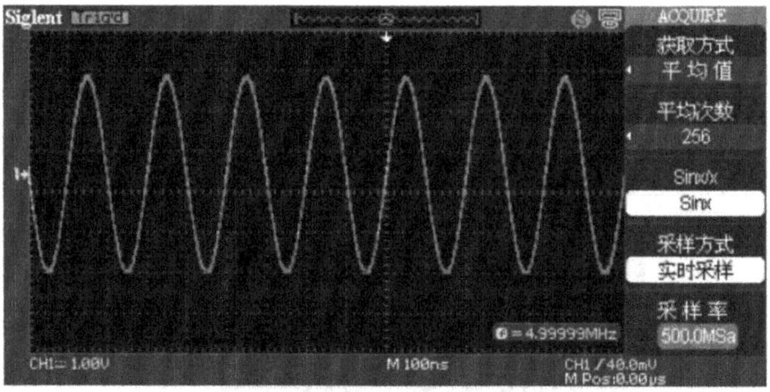

附图 1.6.41　平均值模式

等效采样:等效采样方式有利于细致观察重复的周期性信号,使用等效采样方式比实时采样高 20ps 的水平分辨率,即等效 50GSa/s。

实时采样:实时采样方式在每一次采样集满内存空间。实时采样率最高为 2GSa。

【RUN/STOP】:如果希望示波器连续采集波形,可按下【RUN/STOP】按钮,再次按下按钮则停止采集。

【SINGLE】:如果希望示波器在采集触发波形后停止,可按下【SINGLE】按钮。每次按下【SINGLE】按钮后,示波器开始采集另一波形。示波器检测到某个触发后,它将完成采集然后停止。

按下【RUN/STOP】或【SINGLE】按钮开始采集时,示波器执行下述步骤:

①采集足够的数据来填充点左侧的波形记录部分,这也被称为预触发。

②在等待触发条件出现的同时继续采集数据。

③检测触发条件。

④在波形记录填满之前继续采集数据。

⑤显示最近采集的波形。

时基:示波器通过在不连续点处采集输入信号的值来数字化波形。使用时基可以控制这些数值被数字化的频度。要将时基调整到某一水平刻度以适应用户的要求,可使用【S/div】旋钮。

假波现象:如果示波器对信号进行采样时不够快,从而无法建立精确的波形记录时,就会出现“假波现象”。此现象发生时,示波器将以低于实际输入波形的频率显示波形,或者触发并显示不稳定的波形。假波现象如附图 1.6.42 所示。

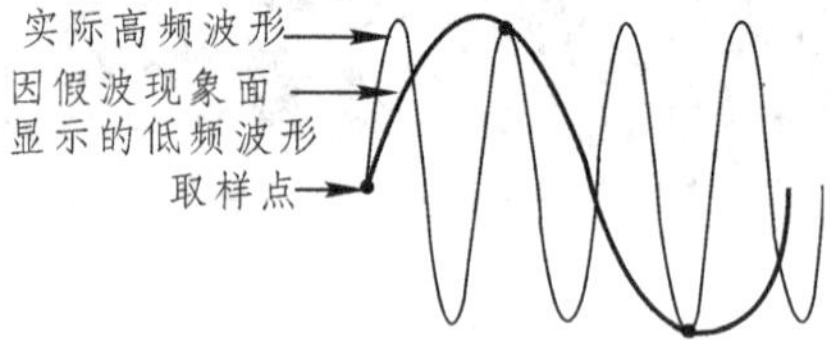

附图 1.6.42 假波现象

操作说明:

①设置获取模式可按下【获取方式】选项按钮或旋转万能旋钮可选择【采样】、【峰值检测】或【平均值】采样模式。

②设置平均次数当选择【平均值】采样模式,按【平均次数】选项按钮选择【4】、【16】、【32】、【64】、【128】或【256】。平均次数越大,波形越稳定。

③设置插值函数按“Sinx/x”按钮开启函数插值。如附图 1.6.43 和 1.6.44 所示开启为正弦插值和线性插值。

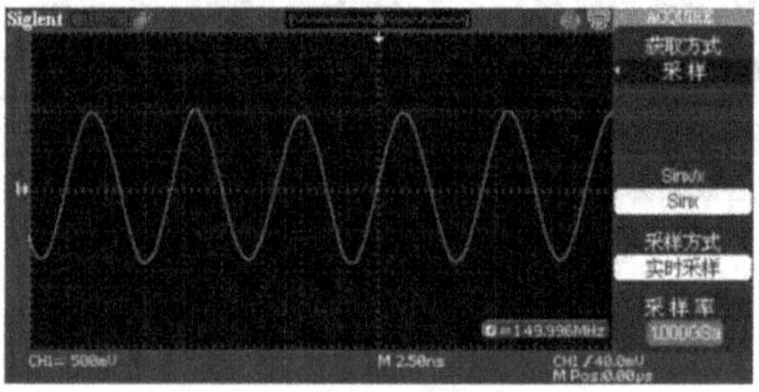

附图 1.6.43 正弦插值

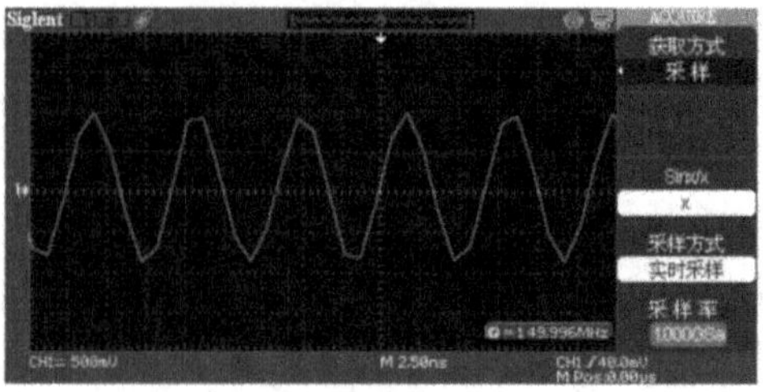

附图 1.6.44 线性插值

①设置采样方式:按【采样方式】按钮选择【实时采样】或【等效采样】。

②设置采样率:采样方式选择【实时采样】时,旋转【S/div】旋钮可显示各时基挡位下的实时采样率;采样方式选择【等效采样】时,旋转【S/div】旋钮可显示各时基挡位下的等效采样率。

10. 显示系统

如附图 1.6.45 所示,【DISPLAY】为显示系统的功能按键。显示系统功能菜单 1 见附图 1.6.46 和附表 1.6.30。功能菜单 2 见附图 1.6.47 所示和附表 1.6.31。功能菜单见附图 1.6.48和附表 1.6.32。

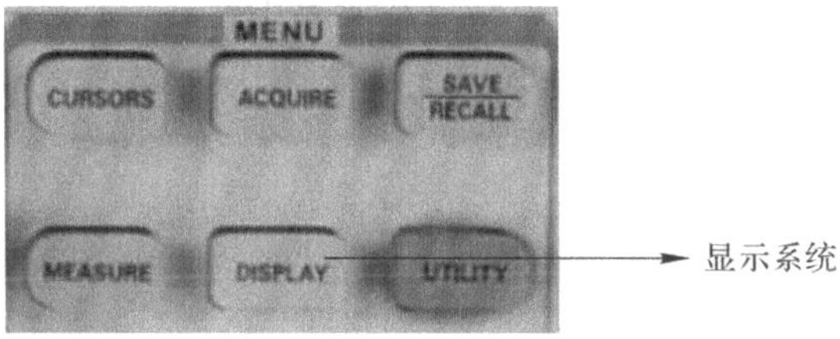

附图 1.6.45　显示系统

附表 1.6.30　显示系统功能菜单 1

选项	设定	说明
类型	矢量 点	采样点之间通过连线方式显示 采样点间显示没有插值连线
持续	关闭 1s 2s 5s 无限	设定保持每个显示的取样点显示的时间长度
波形亮度	↻ (波形亮度)	设置波形亮度
网格亮度	↻ (网格亮度)	设置网格亮度
下一页	Page1/3	按此按钮进入下一页菜单

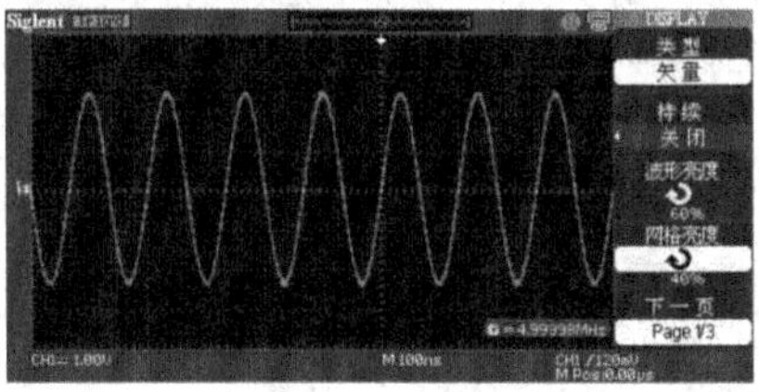

附图 1.6.46　显示系统功能菜单 2

附表 1.6.31　显示系统功能菜单 2

选项	设置	说明
格式	YT XY	YT 格式显示相对于时间(水平刻度)的垂直电压 XY 格式显示每次在通道 1 和通道 2 采样的点
屏幕	正学 反相	屏幕为正常显示模式 屏幕为反相显示模式
网格	  	打开背景网格及坐极 关闭背景网格 关闭背景网格及坐标
菜单显示	2s 5s 10s 20s 无限	设置菜单显示保持的时间
下一页	Page2/3	按此按钮进入显示第二页菜单

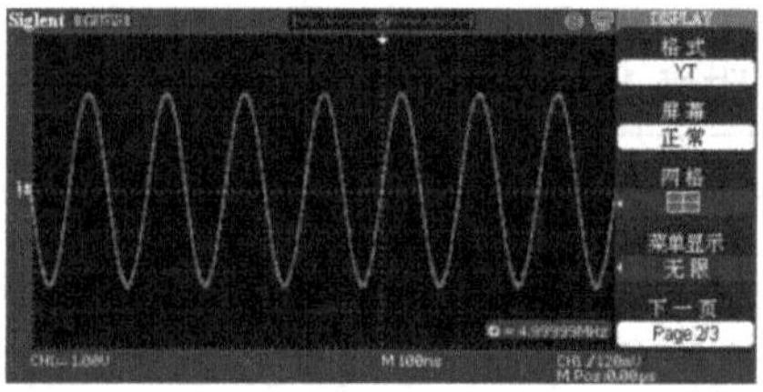

附图 1.6.47　显示系统功能菜单 2

附表 1.6.32　显示系统功能菜单 3

选项	设置	说明
界面方案	经典 现代 传统 简洁	设置界面显示风格
下一页	Page3/3	按此按钮返回到显示第一页菜单

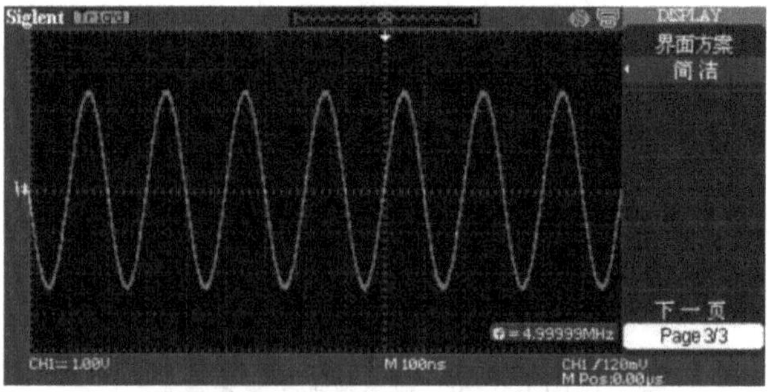

附图 1.6.48　显示系统功能菜单 3

操作说明:

①按【DISPLAY】按钮,进入显示菜单。按【类型】选项按钮选择【矢量】或【点】。

②按【持续】选项按钮,选择【关闭】、【1 秒】、【2 秒】、【5 秒】或【无限】。利用此选项可以观察一些特殊波形,如附图 1.6.49 所示。

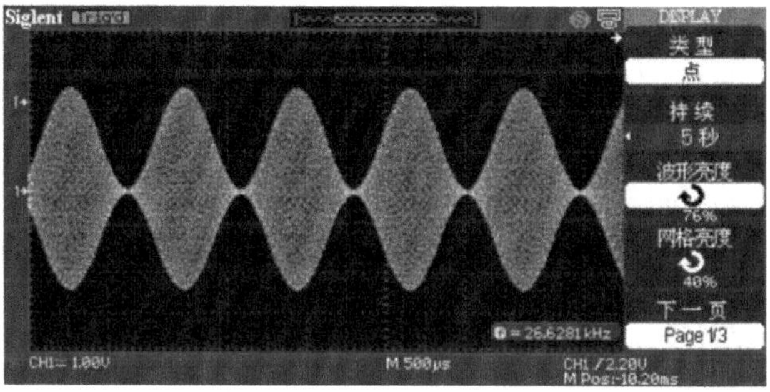

图 1.6.49　利用持续选项观察调幅波

③按【波形亮度】选项按钮,旋转万能旋钮可调节波形的显示亮度。

④按【网格亮度】选项按钮,旋转万能旋钮可调节网格的显示亮度。

⑤按【下一页】选项按钮,进入第二页显示菜单。按【格式】选项按钮选择【YT】或【XY】。

⑥按【屏幕】选项按钮选择【正常】或【反相】,来设置屏幕的颜色。

⑦按【网格】选项按钮选择【▦】、【⊞】或【□】,来设置屏幕是否显示网格。

⑧按【菜单显示】选项按钮选择【2 秒】、【5 秒】、【10 秒】、【20 秒】、【无限】,来设置菜单在显示屏上保持显示的时间长度。

⑨按【界面方案】选项按钮或旋转万能旋钮来选择喜欢的界面显示风格,如附图1.6.49 所示。

XY 模式。使用 XY 格式来分析相位差,如那些由李沙育模式所描述的相位差。该格式显示每次在通道 1 和通道 2 采样的点,通道 1 的电压确定点的 X 坐标(水平),而通道 2 的电压确定 Y 坐标(垂直)。示波器使用未触发的取样模式并将数据显示为点。XY 模式突破了传统低端示波器局限在 1MSa/s 采样率的限制,SDS1000L 系列支持 25KSa/s ~ 250MSa/s。

注意:示波器可以在任何取样速率下按正常 YT 模式采集波形。可以在 XY 模式下查看相同的波形。要进行此操作,停止采集并将显示格式改变为 XY。

控制操作如下:

①通道 1【Volt/div】和垂直【POSITION】控制设置水平刻度和位置。

②通道 2【Volt/div】和垂直【POSITION】控制设置垂直刻度和位置。

③旋转【S/div】旋钮可调节采样率,以便更好地观察波形。

在 XY 显示格式中,下述功能不可用:

①基准波形或波形数学计算。

②光标。

③自动设置(将显示格式重新设置为 YT)。

④触发控制。

⑤水平位置旋钮。

⑥矢量显示类型。

⑦扫描式显示。

注意:在矢量显示模式下,示波器采取数字内插的方式连接采样点,内插方式包括线性插值和 $\sin(x)/x$ 插值。$\sin(x)/x$ 内插方式适用实时采样方式,并且在实时采样方式下在 250ns 或更快时基下有效。

11. 测量系统

示波器将显示电压相对于时间的图形并帮助测量显示波形。有几种测量方法,可以使用刻度、光标进行测量或自动测量。

(1)刻度测量。使用此方法能快速、直观地做出估计。例如,可以观察波形幅度,判定其是否略高于 100mV。可通过计算相关的主次刻度分度并乘以比例系数来进行简单的测量。

例如,如果计算出波形的最大值和最小值之间有五个主垂直刻度分度,并且已知比例系数为 100mV/分度,则可按照下述方法来计算峰-峰值电压:

$$5\text{ 分度 } x100\text{mV/分度} = 500\text{mV}$$

(2)光标测量。如附图 1.6.50 所示,【CURORS】为光标测量的功能按键。

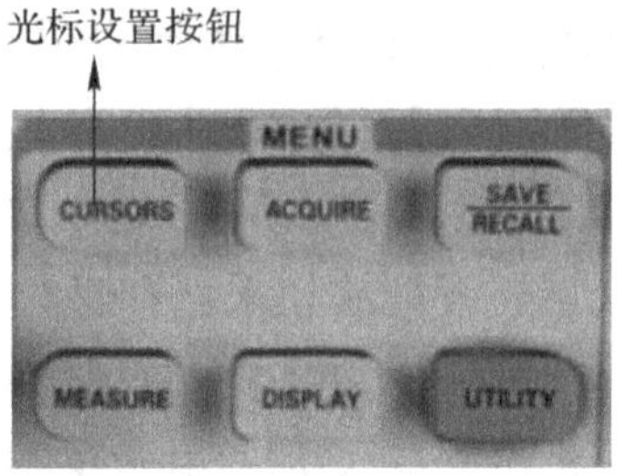

附图 1.6.50 光标测量

光标测量有三种模式:手动方式、追踪方式、自动方式。

手动方式:水平或垂直光标成对出现用来测量电压或时间,可手动调整光标的间距。在使用光标前,须先将信号源设定为所要测量的波形。

追踪方式:水平与垂直光标交叉构成十字光标。十字光标自动定位在波形上,通过旋转万能旋钮来调节十字光标在波形上的水平位置。光标点的坐标会显示在示波器的屏幕上。

自动测量方式:在此方式下,系统会显示对应的光标以揭示测量的物理意义。系统会根据信号的变化,自动调整光标位置,并计算相应的参数值。

1)手动光标测量方式。手动光标测量方式是测量一对水平或垂直的坐标值及两光标间的增量。使用光标时要确保将信源设置为显示屏上想要测量的波形。其功能菜单见附表 1.6.33。

附表 1.6.33　手动光标测量功能菜单

选项	设置	说明
光标模式	手动	在此菜单下对手动光标测量进行设置
类型	电压 时间	手动用光标测量电压参数; 手动用光标测量时间参数
信源	CH1 CH2 MATH REFA REFB	选择被测信号的输入通道
CurA ↻		选择此项,旋转万能旋钮可调节光标 A 的位置
CurB ↻		选择此项,旋转万能旋钮可调节光标 B 的位置

电压光标:电压光标在显示屏上以水平线出现,可测量垂直参数。

时间光标:时间光标在显示屏上以垂直线出现,可测量水平参数。

光标移动:使用"万能"旋钮来移动光标 A 和光标 B。只有选中光标对应的选项才能移动光标,且移动时光标值会出现在屏幕的左上角和左下角。

操作步骤如下:

①按 CURSOR 按钮进入光标功能菜单。

②按【光标模式】选项按钮选择【手动】。

③按【类型】选项按钮选择【电压】或【时间】。

④根据信号输入通道,按【信源】选项按钮选择相应的 CH1/CH2,MATH,REFA/REFB。

⑤选择【CurA】,旋转万能旋钮调节光标 A 的位置。

⑥选择【CurB】,旋转万能旋钮调节光标 B 的位置。

⑦其测量值显示在屏幕的左上角:

若测量类型为【电压】,其测量值为:

光标 A 的值:CurA;

光标 B 的值:CurB;

光标 A 和光标 B 间的电压增量:ΔV。

若测量类型为【时间】,其测量值为:

光标 A 的值:CurA;

光标 B 的值:CurB;

光标 A 和光标 B 间的时间增量:ΔT;

光标 A 和光标 B 间的时间增量的倒数:$1/\Delta T$。

手动测量如附图 1.6.51 所示。

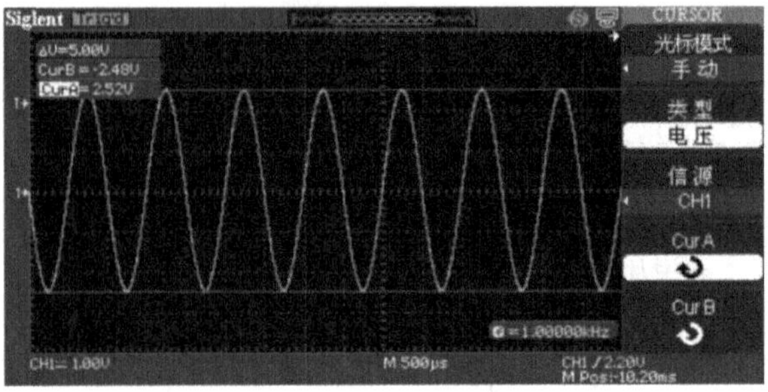

附图 1.6.51　手动测量

2)光标追踪测量方式。光标追踪测量方式是在被测波形上显示十字光标,通过移动光标间的水平位置,光标自动在波形上定位,并显示当前定位点的水平、垂直坐标和两光标间水平、垂直的增量。水平坐标以时间值显示,垂直坐标以电压值显示。光标追踪功能菜单见附表 1.6.34。

附表 1.6.34　光标追踪功能菜单

选项	设置	说明
光标模式	追踪	在此菜单下对追踪光标测量进行设置
光标 A	CH1,CH2,无光标	设定光标 A 追踪测量信号的输入通道
光标 B	CH1,CH2,无光标	设定光标 B 追踪测量信号的输入通道
CurA ↻		选择此项,旋转万能旋钮可调节光标 A 的位置
CurB ↻		选择此项,旋转万能旋钮可调节光标 B 的位置

操作步骤如下:

①按【CURSOR】按钮进入光标测量功能菜单。

②按【光标模式】选项按钮选择【追踪】。

③按【光标 A】选项按钮,选择追踪信号的输入通道 CH1/CH2 任意通道。

④按【光标 B】选项按钮,选择追踪信号的输入通道 CH1/CH2 任意通道。

⑤选择【CurA】,旋转【万能】旋钮水平移动光标 A。

⑥选择【CurB】,旋转【万能】旋钮水平移动光标 B。

⑦其测量值显示在屏幕的左上角:

A→T:光标 A 在水平方向上的位置(即时间,以水平中心位置为基准)。

A→V:光标 A 在垂直方向上的位置(即电压,以通道接地点为基准)。

B→T:光标 B 在水平方向上的位置(即时间,以水平中心位置为基准)。

B→V:光标 B 在垂直方向上的位置(即电压,以通道接地点为基准)。

ΔT:光标 A 和光标 B 的水平间距(即两光标间的时间值)。

$1/\Delta T$:光标 A 和光标 B 的水平间距的倒数。

ΔV:光标 A 和光标 B 的垂直间距(即两光标间的电压值)。

光标追踪测量如附图 1.6.52 所示。

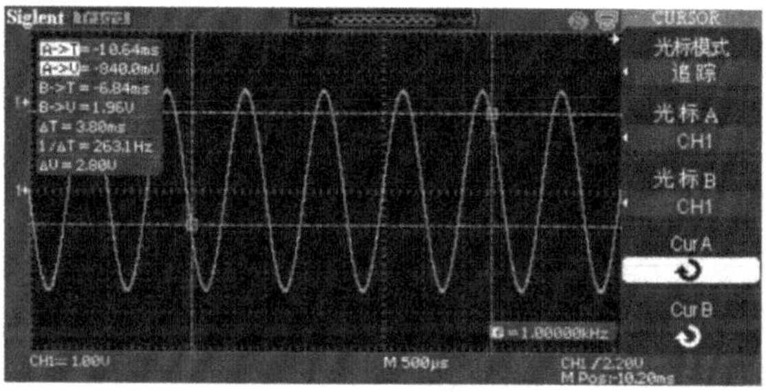

附图 1.6.52　光标追踪测量

3）光标自动测量方式。光标自动测量模式显示当前自动测量参数所应用的光标。若在自动测量菜单下未选择任何的自动测量参数，将没有光标显示。功能菜单见附表 1.6.35。

附表 1.6.35　光标自动测量功能菜单

选项	设置	说明
光标模式	自动测量	设定自动光标测量模式

操作步骤如下：

①按【CURSOR】按钮进入光标测量菜单。

②按【光标模式】选项按钮选择【自动测量】。

③按【MEASURE】按钮进入自动测量菜单，选择要测量的参数。

光表自动测量如附图 1.6.53 所示。

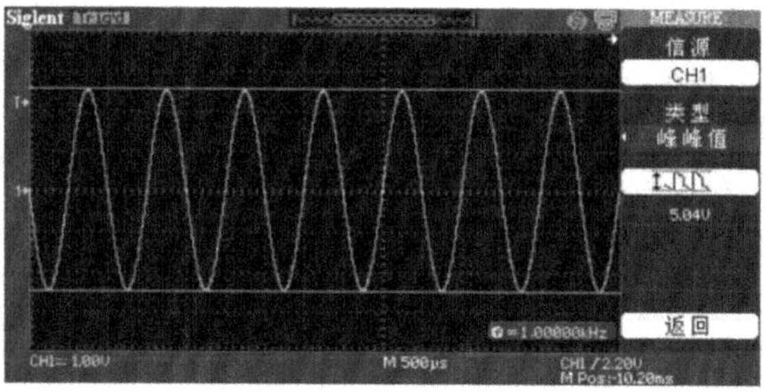

附图 1.6.53　光标自动测量

（3）自动测量。如附图 1.6.54 所示，【MEASURE】为自动测量的功能按键。

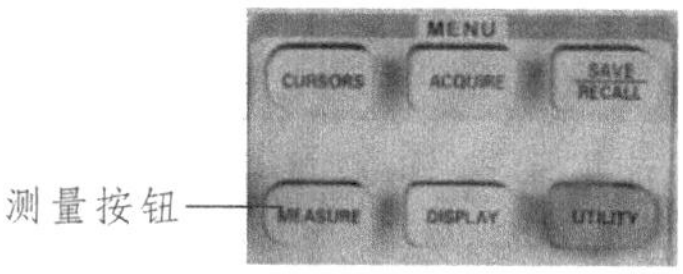

附图 1.6.54　自动测量

如果采用自动测量，示波器会为用户进行所有的计算。因为这种测量使用波形的记录点，所以比刻度或光标测量更精确。

自动测量有三种测量类型:电压测量、时间测量、延迟测量;共 32 种测量类型。一次最多可以显示五种。相关菜单见附表 1.6.36 至附表 1.6.41。自动测量功能菜单如附图 1.6.55 所示。

附表 1.6.36　自动测量功能菜单 1

选项	说明
电压测试	按此按钮进入电压测试菜单
时间测试	按此按钮进入时间测试菜单
延迟测试	按此按钮进入延迟测试菜单
全部测量	按此按钮进入全部测量菜单
返回	按此按钮进入自动测量的第一页菜单

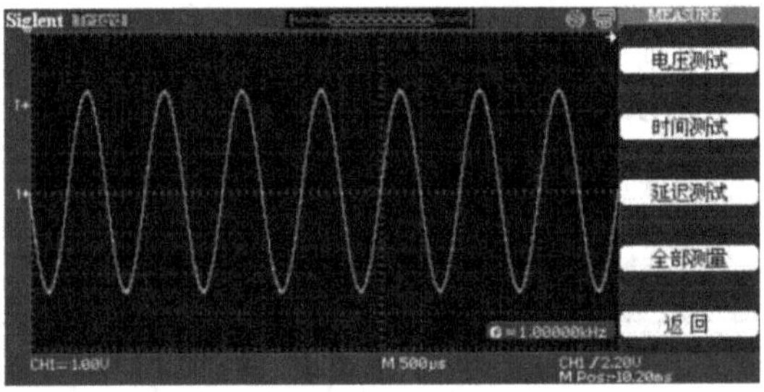

附图 1.6.55　自动测量功能菜单 1

附表 1.6.37　自动测量之电压测试菜单

选项	设置	说明
信源	CH1,CH2	选择电压测试的信源
类型	最大值、最小值、峰峰值、幅值、顶端值、底端值、周期平均值、平均值、周期均方根、均方根、上升过激、下降过激、上升前激、下降前激	按【类型】选项按钮或旋转万能旋钮,选择电压测试参数种类
	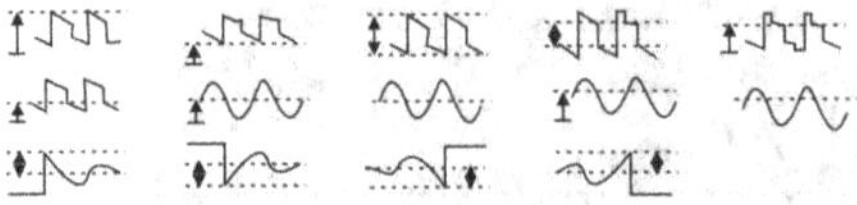	显示所选择的电压测试参数对应的图标及测量值
返回		返回自动测量菜单第一页

附表 1.6.38　自动测量之时间测试菜单

选项	设置	说明
信源	CH1,CH2	选择时间测试信源
类型	上升时间、下降时间、频率、周期、脉宽、正脉宽、负脉宽、正占空比、负占空比	按【类型】选项按钮或旋转万能旋钮选择时间测试参数种类
	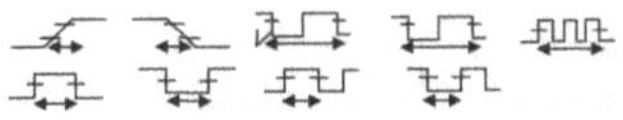	显示选择的时间测试参数对应的图标及测量值
返回		返回自动测量第一页菜单

附表 1.6.39　自动测量之延迟测试菜单

选项	设置	说明
信源	CH1,CH2	选择任意信源作为延迟测试信源
类型	相位, FRR, FRF, FFR, FFF, LRR, LRF, LFR,LFF	按【类型】选项按钮或旋转万能旋钮选择延迟测试参数种类
	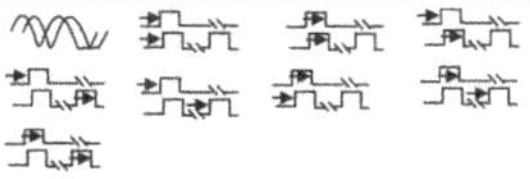	显示所选择的延迟测试参数对应的图标及测量值
返回		返回自动测量第一页菜单

附表 1.6.40　全部测量功能菜单

选项	设置	说明
信源	CH1,CH2	选择输入信号通道
电压测试	开启/关闭	打开/关闭对电压类型参数进行全部测量功能
时间测试	开启/关闭	打开/关闭对时间类型参数进行全部测量功能
延迟测试	开启/关闭	打开/关闭对延迟类型参数进行全部测量功能
返回		返回到全部测量主菜单

附表 1.6.41　测量类型的说明

测量类型	说明
最大值	正向峰值电压
最小值	负向峰值电压
峰-峰值	计算整个波形最大峰值和最小峰值间的绝对差值
顶端值	整个波形的最高电压
幅值	波形顶端值与底端值之间的电压
周期平均值	波形第一个周期的算述平均值
平均值	计算整个记录内的算述平均电压
周期均方根	即有效值,计算波形第一个完整周期的实际均方根值测定
均方根	整个波形的实际均方根电压
上升过激	上升后波形的最大值与顶端值之差与幅值的比值
下降过激	下降后波形的最小值与底端值之差与幅值的比值
上升前激	上升前波形的最小值与底端值之差与幅值的比值
下降前激	下降前波形的最大值与顶端值之差与幅值的比值
上升时间	测定波形第一个上升边沿的 10% 和 90% 间的时间
下降时间	测定波形第一个下降边沿的 90% 和 10% 电平之间的时间

脉宽	突发脉冲的持续时间,测量整个波形
正脉宽	测定脉冲第一个上升边沿和邻近的下降边沿 50% 电平间的时间
负脉宽	测定脉冲第一个下降边沿和邻近的上升边沿 50% 电平间的时间
正占空比	对第一个周期测量正占空比为正脉宽与周期的比值
负占空比	对第一个周期测量负占空比为负脉宽与周期的比值
相位	定时测量,一个波形超前或滞后于另一个波形的时间量,以度表示,360 度为一周期
FRR	信号源 X 和信号源 Y 的第一个上升沿之间的时间
FRF	信号源 X 的第一个上升沿和信号源 Y 的第一个下降沿间的时间
FFR	信号源 X 的第一个下降沿和信号源 Y 的第一个上升沿间的时间
FFF	信号源 X 和信号源 Y 的第一个下降沿之间的时间
LRR	信号源 X 的第一个上升沿和信号源 Y 的最后一个上升沿间的时间
LRF	信号源 X 的第一个上升沿和信号源 Y 的最后一个下降沿间的时间
LFR	信号源 X 的第一个下降沿和信号源 Y 的最后一个上升沿间的时间
LFF	信号源 X 的第一个下降沿和信号源 Y 的最后一个下降沿间的时间

注意:X,Y 分别表示任意信源 CH1,CH2,但 X,Y 不能为同一信源,若自动测量电压参数,操作如下:

①按【MEASURE】按钮进入【自动测量】菜单。

②按顶端第一个选项按钮,进入自动测量第二页菜单。

③选择测量分类类型,按下【电压】对应的选项按钮进入电压测量菜单。

④按【信源】选项按钮,根据信号输入通道选择对应的 CH1/CH2 通道。

⑤按【类型】选项按钮或旋转万能旋钮选择您要测量的电压参数类型。相应的图标和参数值会显示在第三个选项按钮对应的菜单处,如附图 1.6.56 所示。

⑥按【返回】选项按钮会返回到自动测量的首页,所选的参数和相应的值会显示在首页的第一个选项位置。

自动测量如附图 1.6.56 所示。

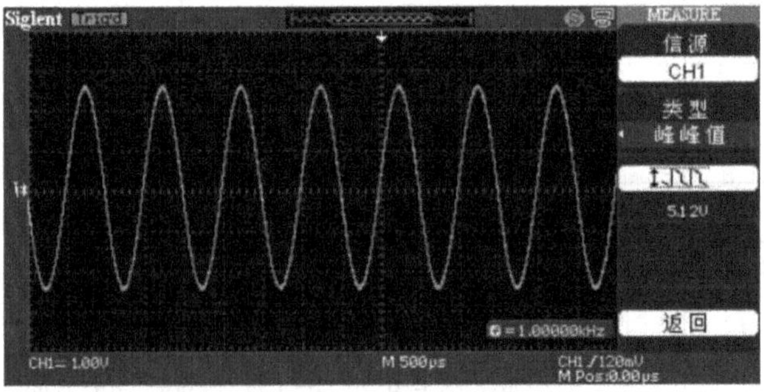

附图 1.6.56　自动测量

同样方法可使所选参数和值显示在相应的位置,一次可显示 5 种参数。

若使用全部测量功能测量时间参数,操作如下:

①按【MEASURE】按钮进入自动测量菜单。

②按顶端第二个选项按钮,进入自动测量第二页菜单。

③按【全部测量】选项按钮进入全部测量菜单。

④按【信源】选项按钮选择信号输入通道。

⑤按【时间测试】选项按钮选择【开启】。此时所有的时间参数值会同时显示在屏幕上。(见附图 1.6.57)。

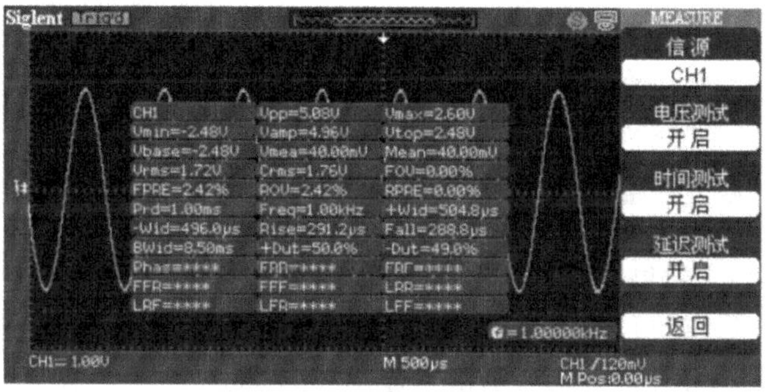

附图 1.6.57　全部测量

附录二　Multisim 仿真软件介绍

附录 2.1 Multisim7 概述

电工基础和电子技术基础是高等学校电子信息类、电子类、电气类和机电类等专业学生的必修课，各校为提高教学效果，都安排有实验、实习等教学环节，有配套的实验室、实习车间及数量众多、价格昂贵的实验设备和仪器仪表，尽管如此，要让所有学生都能尽情如意地在实验室里做各种实验和电路设计仍是不可能的。使用 Multisim 7 却可以做到这一点，只要计算机安装了这个软件，就相当于拥有了一个设备精良的实验室。该软件为用户提供了数以万计的电子元器件和多种精确无比的仪器仪表，用户可以随心所欲地搭接各种电路，接上相应的仪器仪表，运行仿真就可以测试到精确的数据和直观的波形，使实验做得既快又准。因为所用的元器件和仪器仪表都是虚拟的，所以不用担心线路接错损坏设备的问题。但是由于采用 Multisim7 进行的实验通常是在不考虑元器件的额定值和实验的危险性的情况下进行的，因而设计者在确定电路参数时还应认真考虑客观现实问题。

Multisim7 是知名的 EDA 软件之一，它的前身是著名的 EWB。在经历了从 20 世纪 90 年代的 EWB4.0 逐步升级到 EWB5.0、Multisim V6 的发展过程以后，加拿大 IIT(Interactive Image Technologies)公司推出的 EWB 软件于 2001 年发生了较大的变动，更名为 Multisim2001，并推出系列化 EDA 软件 Multisim2001，Ultiboard2001 和 Commsim2001。2003 年 8 月，IIT 公司又对 Multisim2001 进行较大改进，升级为 Multisim7。Multisim7 具有界面直观、元件放置迅速和连线简捷方便的特点，并且提供了种类繁多的元件和模型和多种方便实用的虚拟仪器，能够进行快速并且精确的仿真，还有强大的电路分析功能以及与其他软件信息交换的接口。

1. Multisim7 的特点

(1)用户界面直观。Multisim 7 提供了一个灵活的、直观的工作界面来创建电路，把电路图的创建、电路的测试分析和仿真结果等内容都集成到一个电路窗口中。整个操作界面就像一个实验平台。创建电路所需的元器件、仿真电路所需的测试仪器均可以直接从电路窗口中选取，并且虚拟的元器件、仪器与实物外形非常相似，仪器的操作开关、按键与实际仪器也极为相似。

(2)种类繁多的元件和模型。Multisim 7 提供的元件库拥有 13 000 个元件。尽管元件库很大，但由于元件被分为不同的系列，因而用户仍然可以很方便地找到所需要的元件。Multisim 7 元件库含有所有的标准器件及当今最先进的数字集成电路。元件库中的每一个器件都有具体的符号、仿真模型和封装，用于电路图的建立、仿真和印刷板的制作。Multisim 7 还含有大量的交互元件、指示元件、虚拟元件、额定元件和三维立体元件。交互元件可以在仿真过程中改变元件的参数，避免为改变元件参数而停止仿真，这样既节约了时间，又使仿真的结果能直观反映元件参数的变化。指示元件可以通过改变外观来表示电平大小，给用户一个实时视觉反馈。虚拟元件的数值可以任意改变，有利于说明某一概念或理论观点。额定元件通过虚拟“熔断”来加强用户对所设计的参数超出标准的理解。三维立体元件的外观与实际元件非常相似，有助于理解电路原理图与实际电路之间的关系。用户还可以根据需要修改元件参数或创建新元件。

(3)元件放置迅速，连线简捷方便。在 Multisim 7 中，用户几乎不需要指导就可以轻易地完成元件的放置。元件的连接也非常简单，只须先后单击需要相连的两个引脚，就可以完成元件的连接。并且当元件移动和旋转时，仍可保持它们的连接。连线可以任意拖动和微调。

(4)快速并且精确的仿真。Multisim 7 既可以对模拟或数字电路进行仿真，又可以对模拟/数字混合电路进行仿真。Multisim 7 的核心是对电路进行 SPICE 仿真，因此可以得到快速并且精确的仿真结果。

(5)多种方便实用的虚拟仪器。用户可在电路中接入虚拟仪器，方便地测试电路的性能参数及波形。Multisim 7 提供了 18 种常用的虚拟仪器，包括数字万用表、函数信号发生器、瓦特表、双踪示波器、四踪示波器、波特图仪、频率计数器、字信号发生器、逻辑分析仪、逻辑转换仪、IV 分析仪、失真分析仪、频谱分析仪、网络分析仪、安捷伦函数信号发生器、安捷伦数字万用表、安捷伦示波器和动态测量探针。这些仪器不仅功能和使用方法与实际仪器相同，而且比实际仪器取用方便，测试的数据和波形更准确可靠。

(6)强大的电路分析功能。为了更好地掌握电路的性能，Multisim 7 还提供了直流工作点分析、交流分析、瞬态分析、傅里叶分析、噪声分析、噪声系数分析、失真分析、直流扫描分析、灵敏度分析、参数扫描分析、温度扫描分析、零-极点分析、传输函数分析、最坏情况分析、蒙特卡罗分析、线宽分析、用户自定义分析、批处理分析、射频分析等 19 种分析方法。分析结果以数值或波形直观地显示出来，为用户设计分析电路提供了极大的方便。

(7)具有与其他软件信息交换的接口。Multisim 7 可以打开由 PSpice 等其他电路仿真软件所建立的 Spice 网络表文件，并自动形成相应的电路原理图。也可以将 Multisim 7 建立的电路原理图转换为网络表文件，提供给 Ultiboard 模块或其他 EDA 软件(如 Protel，Orcad 等)进行印刷电路板图的自动布局和自动布线。

2. Multisim7 主设计窗口

本节将系统地介绍 Multisim 7 用户界面的基本操作和命令。单击 Windows“开始”菜单中“程序”下的 Multisim 7，弹出如附图 2.1.1 所示的 Multisim 7 用户界面。

Multisim 7 用户界面主要由菜单栏(Menu Bar)、标准工具栏(Standard toolbar)、使用的元件列表(In Use List)、仿真开关(Simulation Switch)、项目栏(Project Bar)、元件工具栏(Component Toolbar)、虚拟工具栏(Virtual Toolbar)、电路窗口(Circuit Windows)、仪表工具栏(Instruments Toolbar)、电路标签(Circuit Tab)、状态栏(Status Bar)和电路元件属性视窗(Spreadsheet View)等组成。

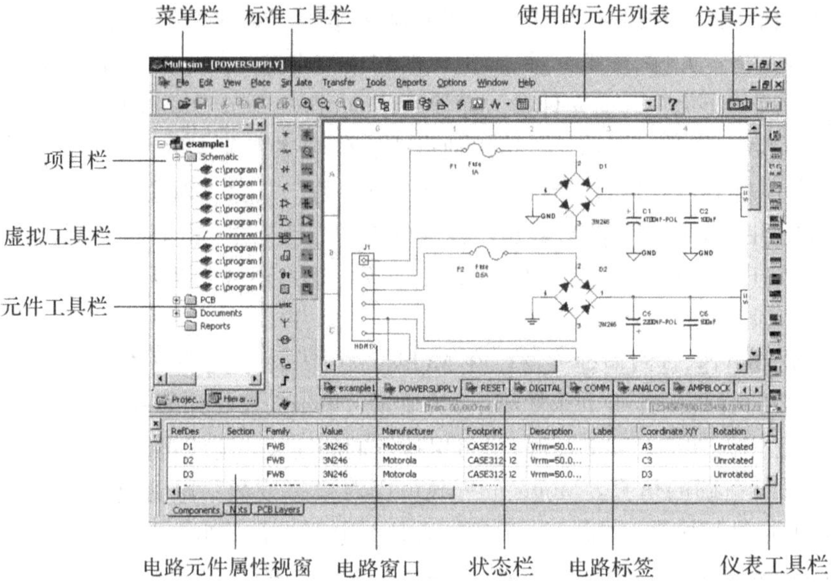

附图 2.1.1 Multisim 7 用户界面

(1)菜单栏。

【File】菜单中有新建、打开、关闭、打印、退出等常用命令。

【Edit】菜单中有撤销、恢复、剪切、复制、粘贴、删除、翻转等常用命令。

【View】菜单主要用于控制界面上工具栏、栅格、标尺等的显示和界面的显示比例。

【Place】菜单主要用于放置节点、总线、连接器和文本,以及对子电路的操作。

【Simulate】菜单主要用于仿真分析的选择、控制和后处理。

【Transfer】菜单主要用于 Multisim7 和其他软件之间进行文件或仿真结果的传输。

【Tools】菜单主要是 Multisim7 提供的一些实用工具,例如:创建元件向导、555 定时器向导、滤波器向导、电器规格检查、替换元件等。

【Reports】菜单主要用于产生元器件清单、网表、原理图统计报告等各种报表。

【Options】菜单主要用于界面和电路的参数设置和个性化设定。

【Window】菜单主要用于多个窗口的层叠、平铺。

【Help】菜单主要用于提供帮助信息。

具体的命令使用方法可以查看用户手册或帮助文件。

(2)标准工具栏。

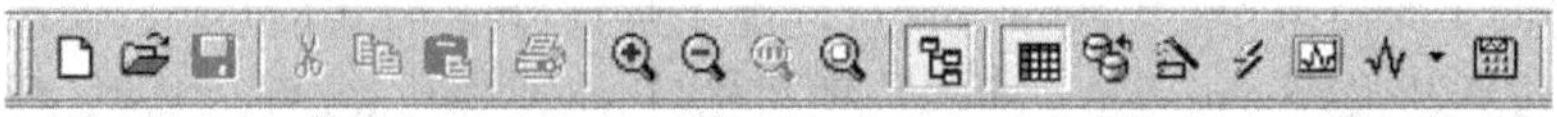

:新建一个文件　:打开一个文件　:保存

:剪切所选中的对象　:复制所选中的对象　:粘贴所选中的对象

:打印　:放大显示电路窗口　:缩小显示电路窗口

:按默认比例显示　　:全图显示　　:工程树状结构图

:工程明细表　　:元器件数据库浏览器　　:创建元件

:运行　　:分析图表　　:分析工具选择

:后处理器　　:打开帮助文件

(3)元件工具栏。

:电源库　　:基本元件库　　:二极管库

:晶体管库　　:模拟器件库　　:TTL 器件库

:CMOS 器件库　　:数字元件库　　:混合器件库

:指示器件库　　:其它器件库　　:射频元件库

:机电类器件库　　:子电路　　:总线

:链接教育站点　　:链接 Edaparts. com

(4)虚拟工具栏。

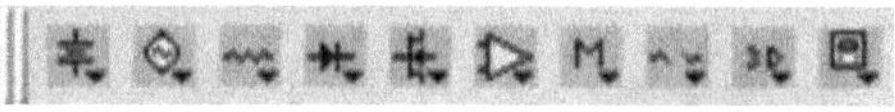

:虚拟电源栏　　:虚拟信号源栏　　:虚拟基本元件栏

:虚拟二极管栏　　:虚拟晶体管栏　　:虚拟模拟元件栏

:虚拟混合器件库　　:额定虚拟元件栏　　:虚拟 3D 元件栏

:测量器件栏

(5)仪表工具栏。

:数字万用表　　:函数信号发生器　　:瓦特表

:示波器　　:四通道示波器　　:波特指示器

:频率计　　:字信号发生器　　:逻辑分析仪

:逻辑转换仪　　:I-V 分析仪　　:失真分析仪

:频谱分析仪　　:网络分析仪　　:Agilent 函数发生器

:Agilent 万用表　　:Agilent 示波器　　:动态测量探针

3. 电路设计和仿真分析基本流程

利用 Multisim 7 进行电路设计和仿真分析,包括下述几个步骤:

(1)建立电路原理图。在电路窗口建立电路原理图是进行电路仿真和分析的基础。在

Multisim 7 中建立电路原理图只要两步:第一步,从元件库选择所需的元件(电源、信号源也可以像元件一样从电源库中选择)放置在电路窗口中;第二步,在元件之间绘制连线。就是这样简单,初学者很容易就能掌握,这也是 Multisim 7 的一个优点。

(2)用虚拟仪表进行测量。在对电路进行分析时经常要测量电路的参数及观察电信号波形。Multisim 7 提供了 18 种常用的虚拟仪器,使用时只要把仪器拖放在电路窗口中,并用导线连到被测节点或元件上,然后双击虚拟仪器,打开操作面板就可以进行测量,这些仪器的功能和使用方法与实际仪器完全相同。

(3)仿真分析。在 Multisim 7 中,除了可以用虚拟仪器对电路进行测量外,还可以利用 Multisim 7 提供的强大的分析功能对电路的整体性能进行分析。Multisim 7 提供了 19 种分析方法,这些分析方法的使用也很简便,只要在对话框中设置参数,分析的结果就会以数值或波形直观地显示出来,使设计者能够更好地了解电路的性能。

附录 2.2　电路原理图设计

1. 电路原理图设计流程

设计电路原理图通常按下述步骤进行:

(1)在元件库中选取搭建电路需要的电阻、电容等元件,并摆放在电路窗口中适当的位置上。

(2)对于部分元件还需要调整元件的方向,进行旋转和翻转等操作。

(3)用连线将元件连接起来,构成完整的电路图。

(4)在电路图中添加必要的文字说明。

2. 选放元件

Multisim 7 中的元器件可分为真实元件和虚拟元件,他们都可从元件栏中方便地取用。两种元件从图标上看,虚拟元件的缺省原色为淡绿色,与真实元件的缺省颜色不同,除此之外,两者的差别还包括:虚拟元件的模型参数使用的是本类元件的典型值,而且某些参数还可任意设定,包括真实的元件没有采用的参数都可在虚拟器件中设定。另外,由于没有相应的封装,不能送到 PCB 布线软件;真实元件就是实际工作中使用的具体型号的元件,他们有精确的仿真模型来配合相应的封装,为仿真真实系统和连接 PCB 设计软件带来方便。

(1)真实元件的选取。真实元件的取用比虚拟元件稍显麻烦,以 1.0kΩ 的电阻为例,进行介绍。点击图标,打开相应的元件浏览器,如附图 2.2.1 所示,在 Family 中选中(RESTSTOR 电阻族),在 Component 列表中双击 1 000Ω 电阻,或选中 1 000Ω 电阻后点击按钮,在电路窗口中出现一个电阻移动符号,移至适当位置后,单击鼠标左键,则放置一个 1.0kΩ 电阻,单击鼠标右键可取消本次操作。改变元件编号和虚拟元件相似,通过双击左键打开相应元件属性对话框在 Label 页中修改。

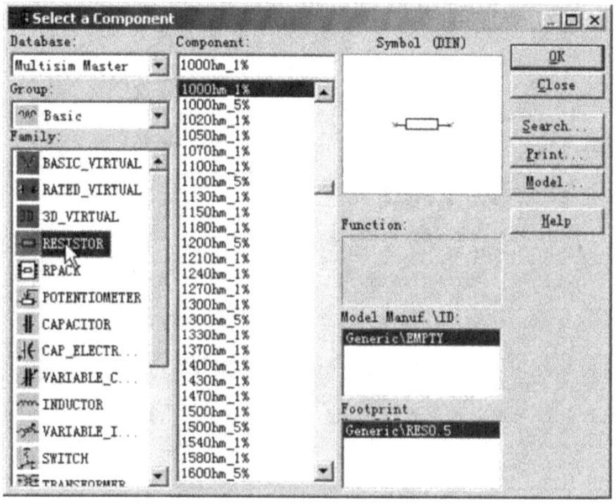

附图 2.2.1 电阻浏览器

浏览器各部分含义具体如下:(包括元件元器件所属系列名称选择列表等)

- Database——所属元件库名称;
- Group——所属元器件栏类别;
- Family——元器件所属系列名称;
- Component——元件列表;
- Symbol(DIN——元器件符号预览(欧洲标准);
- Model ManμF. D——生产厂家;
- Footprint —— 封装形式;
- Function —— 元件功能。

(2)虚拟元件的选取。Multisim 7 对虚拟元件的选取进行了改进,创建了虚拟元件栏,从而使得虚拟元件的取用可以比 Multisim 2001 更为快捷。目前有两种方法可选取虚拟元件;第一,按照真实元件取用方法在元件栏中相应类型中选取;第二,通过虚拟元件栏取用。

现在以直流电压源的取用为例,对第二种方法说明如下。(Multisim 7 将电源和信号源放在虚拟元件栏中的电源栏里,由于它们的参数可以由用户自己设定,因此也被看成虚拟元件)

点击虚拟元件栏中电源栏图标,打开 Power Source Compenents 窗口,左键单击直流电压源图标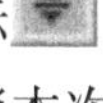,将鼠标移至电路窗口适当位置,点击左键即可完成所需元件的放置,亦可单击右键取消本次操作。接着应根据需要对虚拟元件的参数进行设定,我们选择比较常用且有代表性的直流电源为例进行介绍,其他元件的参数设置与之相似。

双击直流电压源符号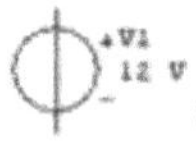

打开其属性对话框,如附图 2.2.2 所示。我们看到对话框中有 Label,Display,Value,Fault 四页,通过对这四页的设定即可实现直流电压源的设定。

Label 页(见附图 2.2.3):

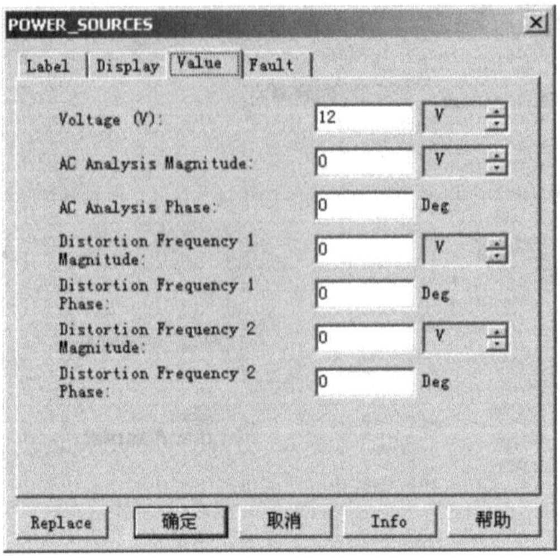

附图 2.2.2　直流电压源属性对话框

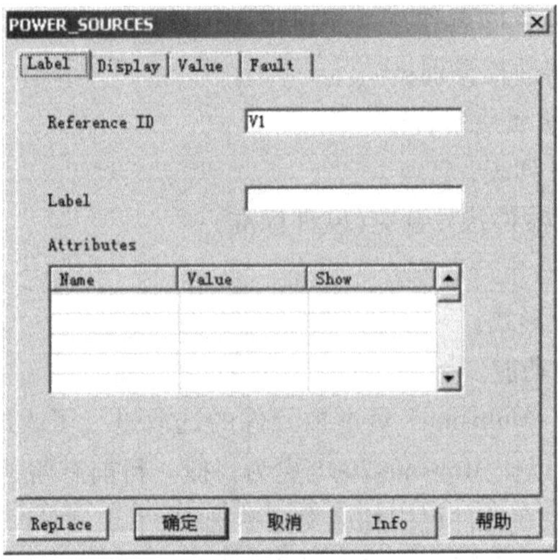

附图 2.2.3　Label 页

●Reference ID:元件序号,元件唯一的识别码,必须设置且不能重复;

●Label:元件标识,没有电气意义,允许输入中文;

●Attributes:元件属性;

Display 页(见附图 2.2.4):

●Use Schematic Global Setting:选中则按菜单命令中的设置显示元件,反之,则按其下的设置显示;

●Show Labels:选中则显示元件标识;

●Show values:选中则显示电源电压;

●Show reference ID:选中则显示元件序号;

●Show Attributes:选中则显示属性;

Value 页(见附图 2.2.2):变更元件值。

●Voltage:设定直流电压源输出电压;

●AC Analysis Magnitude:交流分析幅值;

●AC Analysis Phase:交流分析相位;

●Distortion Frequency1 Magnitude:第一个失真分析频率幅值;

●Distortion Frequency1 Phase:第一个失真分析频率相位;

●Distortion Frequency2 Magnitude:第二个失真分析频率幅值;

●Distortion Frequency2 Phase:第二个失真分析频率相位。

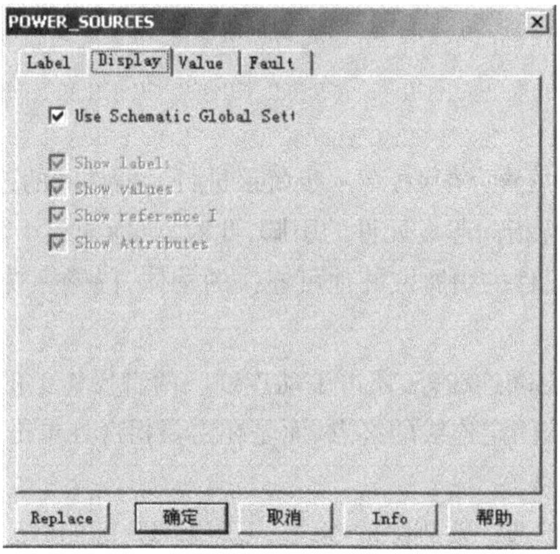

附图 2.2.4　Display 页

Fault 页(见附图 2.2.5):故障设置页。

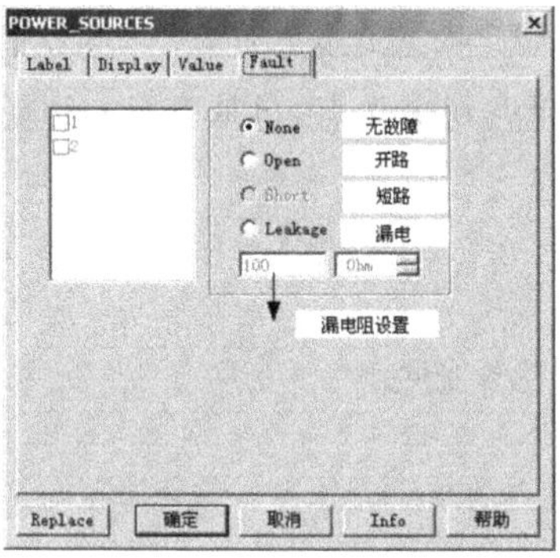

附图 2.2.5　Fault 页

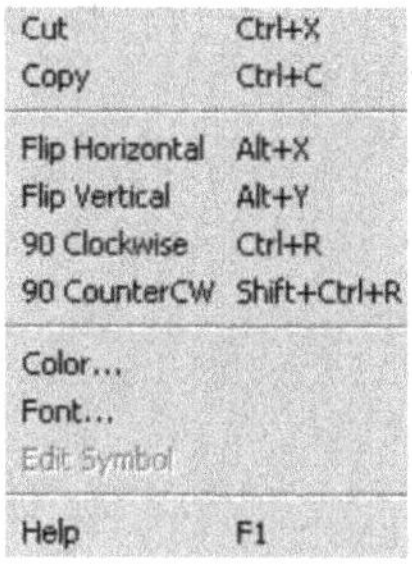

附图 2.2.6　右键菜单

3. 元件的基本操作

不论是虚拟元件还是真实元件,其基本操作是相同的。

移动:左键单击选中要移动的元件不放,拖动其到目标地后松开鼠标即可。

删除：左键选中要删除的元件，按 Delete 键即可。

改变元件状态：右键单击目标元件，打开元件操作菜单，如附图 2.2.6 所示。

Cut——剪切所选元件；

Copy——复制所选元件；

Flip Horizontal——将所选元件左右翻转；

Flip Vertical——将所选元件上下翻转；

90 Clockwise——将所选元件顺时针旋转 90°；

90 CounterCW——将所选元件逆时针旋转 90°；

Color——编辑所选元件颜色和字体；

Font——编辑符号；

Help——打开帮助。

4. 连线

将电路图所需元器件放置完毕后，下一步就该进行元器件间的连线了。

(1)自动连线。将鼠标指向起点元件的引脚，此时，鼠标变成状，单击左键，确定本次连线起点，将鼠标移至终点元件的引脚或其他可连接的物体，待鼠标变为时，单击左键可自动完成连线。

(2)手动连线。除了自动连线外，还可手动连线。两者操作上的区别在于，手动连线在固定了连线起点后，并不直接固定连线的终点，而是在需要拐弯处单击鼠标左键，固定拐点，通过这样的方法控制连线的走势。

(3)连线的删除。左键选中要删除的连线，点 DELETE 键即可。

(4)修改连线。选中目标连线后，当鼠标移至目标连线上，鼠标变为，通过上下移动鼠标可将连线上下平移；在所需操作拐点上点击右键，此时目标拐点变为选中状态，将鼠标移至拐点上，按住左键，通过拖动拐点可改变拐点的位置。

(5)交叉点(见附图 2.2.7)。Multisim 7 默认丁字交叉线为互联，导通状态；十字交叉线为不导通状态。对此，我们可分段进行连线，先从起点到交叉点，再从交叉点到终点，这样即可解决交叉线的导通问题。

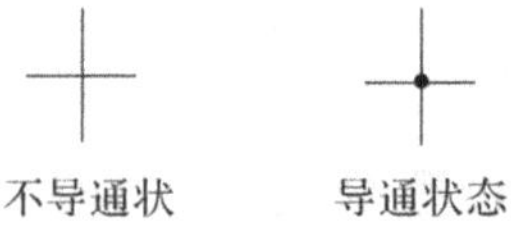

附图 2.2.7　交叉点的两种状态

(6)连线属性设置。双击目标连线，打开其属性对话框，如附图 2.2.8 所示。对话框内属性项的含义为

● Node name：设定节点序号；

● PCB trace width：连线在 PCB 板中的走线宽度；

● Use IC for Transient Analy：瞬态分析时，本节点是否有初始值，在右边框中设定初始值；

●Use NODESET for DC:直流分析时,本节点是否有初始电压,在右边框中设定初始值;

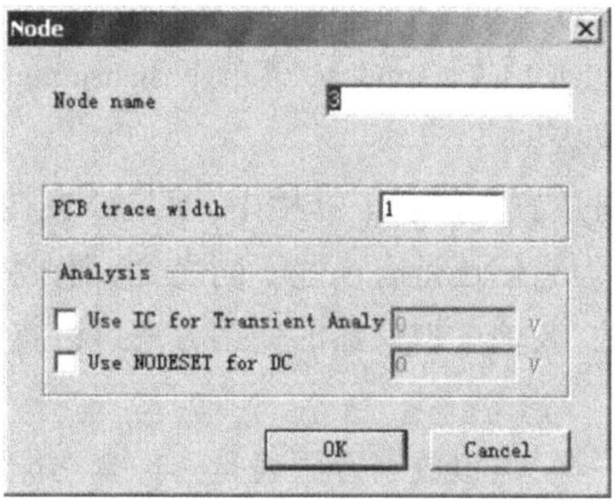

附图 2.2.8　连线属性对话框

(7)连线颜色设置。修改连线和连接点颜色可通过移鼠标至目标连线或连接点上,执行右键 Color…命令来实现。注意,应直接打开右键菜单,若先点左键则鼠标进入编辑连线状态,那样将不能打开右键。

5. 添加文字

为了加深对电路图的理解,我们有必要在某些重要部分添加适当文字说明,Multisim 7 中的文字说明中英文皆可。执行鼠标右键 Text 命令或直接使用快捷键 Ctrl+T,接着点击所要放置文字的位置,将放置一个文本框,输入文字后,左键点击任意文本框外区域,文本框便被添加电路图中。文本框的移动、删除、改变颜色等基本操作和普通元件相同。

附录 2.3　虚拟仪器的使用

Multisim 7 提供了很多虚拟仪器,可以用它们来测量仿真电路的性能参数,这些仪器的设置、使用和数据读取方法都和在现实中的仪表一样,它们的外观也和我们在实验室所见到的仪器相同。虚拟仪表工具栏如附图 2.3.1 所示。从左到右依次是数字万用表、函数信号发生器、瓦特表、双踪示波器、4 通道示波器、波特图仪、频率计数器、字信号发生器、逻辑分析仪、逻辑转换器、IV 分析仪、失真分析仪、频谱分析仪、网络分析仪、安捷伦函数信号发生器、安捷伦数字万用表、安捷伦示波器和动态测试探针。

附图 2.3.1　虚拟仪器工具栏

在 Multisim 7 用户界面中,用鼠标指向仪器工具栏中须放置的仪器,单击鼠标左键,就会出现一个随鼠标移动的虚拟显示仪器框,在电路窗口合适的位置,再次单击鼠标左键,仪器的图标和标识符就被放置到工作区上。仪器标识符用来识别出仪器的类型和放置的次数。例如,在电路窗口内放置第一个万用表被称为“XMM1”,放置第二个万用表被称为“XMM2”等,这些编号在同一个电路中是唯一的。

注意:①若仪器工具栏没有显示出来,可以单击 View 菜单下 Toolbars 项中的 Instrument Toolbar 命令,显示仪表工具栏,或单击 Simulate 菜单下 Instrument 项中相应仪表的命令,也可以在电路窗口中放置相应的仪表。

②电压表和电流表并没有放置在仪表工具栏中,而是放置在指示元件库中。尽管虚拟仪器与现实中的仪器非常相似,但它们还是有一些不同之处,现在将分别介绍在实验中常用的几种虚拟仪器的功能和使用方法,其他虚拟仪器的使用方法可以查阅用户手册或帮助文件。

1. 数字万用表

与实验室的数字万用表一样,虚拟数字万用表是一种多功能的常用仪器,可用来测量直流或交流电压、直流或交流电流、电路的电阻以及电路两节点的电压损耗分贝等。它的量程是根据待测量参数的大小自动确定,其内阻和流过的电流可设置为近似的理想值,也可以根据需要更改。

(1)数字万用表的连接。虚拟数字万用表的图标和面板如附图 2.3.2 所示。

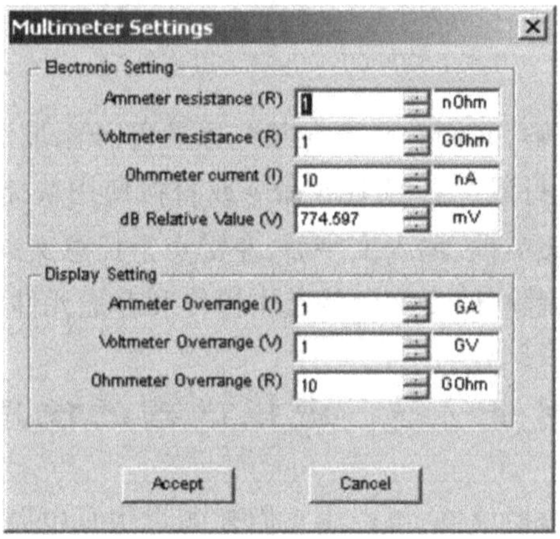

附图 2.3.2　虚拟数字万用表的图标和面板

可见,虚拟数字万用表的外观与实际仪表基本相同,其连接方法与现实万用表完全一样,都是通过“+”“-”两个端子来连接仪表。

(2)数字万用表的设置。

1)功能选择:在数字万用表面板中的参数显示框下面,有 4 个功能选择键,具体功能如下所述。

●电流挡:测量电路中某支路的电流。测量时,数字万用表应串联在待测支路中。

注意:用作电流表时,数字万用表的内阻非常小(1nΩ)。

●电压挡:测量电路两节点之间的电压。测量时,数字万用表应与两节点并联。

注意:用作电压表时,数字万用表的内阻非常高,可以达到 1GΩ。

●欧姆挡:测量电路两节点之间的电阻。被测节点和节点之间的所有元件当作一个“元件网络”。测量时,数字万用表应与“元件网络”并联。

注意:①为了测量结果的准确性,要求电路中没有电源,并且元件和元件网络有接地端。

②如果改变了电路中欧姆表的连接方式,重新开启仿真按钮才能读出新的数据。

●电压损耗分贝挡:测量电路中两节点间压降的分贝值。测量时,数字万用表应与两节点并联。电压损耗分贝的计算公式为

$$dB = 20 \times \lg\left(\frac{V_o}{V_i}\right)$$

默认计算分贝的标准电压是 1V,但也可以在设置面板中改变它。式中 V_o 和 V_i 分别为输出电压和输入电压。

2)被测信号的类型。

●交流挡:测量交流电压或电流信号的有效值。

注意:此时,被测电压或电流信号中的直流成分都将被虚拟数字万用表滤除,所以测量的结果仅是信号的交流成分。

●直流挡:测量直流电压或电流的大小。

注意:测量一个既有直流成分又有交流成分的电路的电压平均值时,将一个直流电压表和一个交流电压表同时并联到待测节点上,分别测直流电压和交流电压的大小。电压的平均值可以下式计算:

$$RMSv = \sqrt{(V_{dc}^2 + V_{ac}^2)}$$

3)面板设置:理想仪表在测量时对电路没有任何影响,即理想的电压表有无穷大的电阻并且没有电流通过,理想的电流表内阻几乎为零。实际的电压表的内阻不是无穷大,实际电流表的内阻也不是 0。所以,测量结果只是电路的估计值,并不完全正确。

在 Multisim7 应用软件中,可以通过设置虚拟数字万用表的内阻来真实地模拟实际仪表的测量结果。具体步骤如下:

①单击数字万用表面板的“设置”按钮,弹出“数字万用表设置”的对话框,如附图 2.3.3 所示。

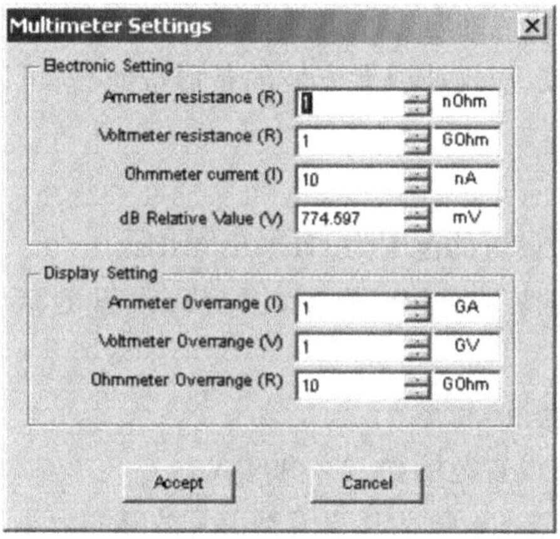

附图 2.3.3　“数字万用表设置”对话框

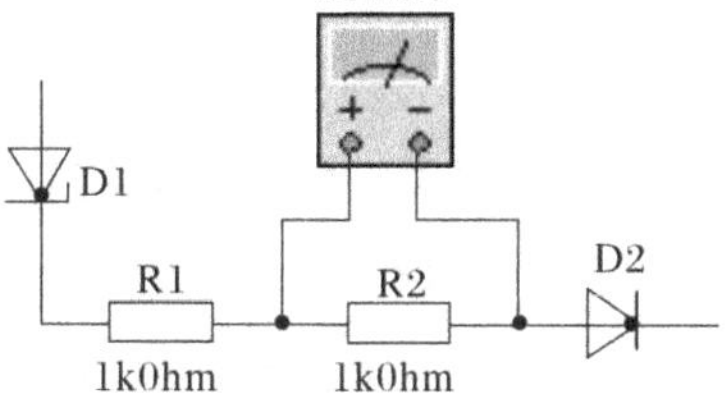

附图 2.3.4　数字万用表设置测电压

②设置相应的参数。

③设置完成后，单击 Accept 按钮保存所作的设置；单击 Cancel 按钮取消本次设置。

(3)应用举例。

例 1 利用数字万用表测电压、电压损耗分贝和电阻的电路连接如附图 2.3.4 所示，所不同的是将数字万用表分别设置在电压挡、分贝挡和电阻挡。

2. 函数信号发生器

函数信号发生器是一个能产生正弦波、三角波和方波的信号源。可以为电路提供方便、真实的激励信号，输出信号频率宽，它不仅可以为电路提供常规的交流信号，还可以产生音频和视频信号，并且可以调节输出信号的频率、振幅、占空比和直流分量等参数。

(1) 函数信号发生器的连接。函数信号发生器的图标和面板如附图 2.3.5 所示。

函数信号发生器有三个接地端。“+”输出端产生一个正向的输出信号，公共端(Common)通常接地，“-”输出端产生一个反向的输出信号。

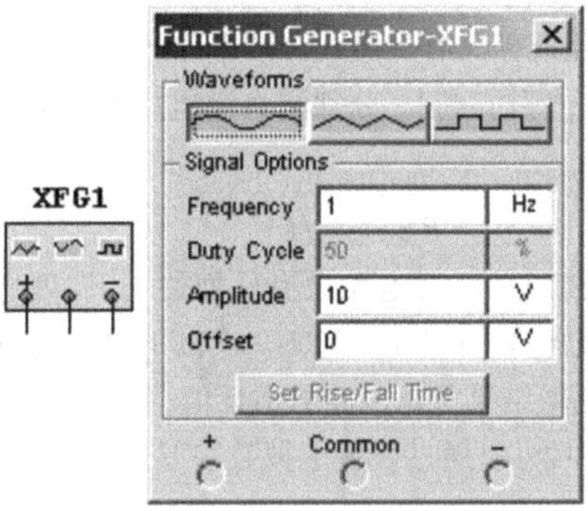

附图 2.3.5 函数信号发生器的图标和面板

(2) 函数信号发生器的面板设置。

1)功能选择：单击附图 2.3.5 所示的正弦波、三角波或者方波的条形按钮，就可以选择相应的输出波形。

2)信号参数选择。

●频率(Frequency)：设置输出信号的频率，设置的范围为 1Hz ~ 999MHz。

●占空比(Duty Cycle)：设置输出信号的持续期和间歇期的比值，设置的范围为 1% ~ 99%。

注意：该设置仅对三角波和方波有效，对正弦波无效。

●振幅(Amplitude)：设置输出信号的幅度，设置范围为 1V ~ 999kV。

注意：①若输出信号含有直流成分，则所设置的幅度为从直流到信号波峰的大小。

②如果把地线与正极或者负极连接起来，则输出信号的峰-峰值是振幅的 2 倍。

③如果从正极和负极之间输出，则输出信号的峰-峰值是振幅的 4 倍。

●偏差(Offset)：设置输出信号中直流成分的大小，设置的范围为-999kV ~ +999kV。

此外,单击附图 2.3.5 中的 Set Rise/Fall Time 按钮,弹出 Set Rise/Fall Time 对话框。可以设置输出信号的上升/下降时间。注意:Set Rise/Fall Time 对话框只对方波有效。

(3) 应用举例。

例 2　函数信号发生器的公共端接地,分别从“+”“-”端输出正弦波,电路连接如附图 2.3.6(a)所示。由图可见,从“+”“-”端分别输出的正弦波的振幅都是 10V,与函数信号发生器所设置的振幅相同,而且在相位上反相。同理,可以验证从函数信号发生器的“+”“-”端之间输出正弦波的峰-峰值(40V)是函数信号发生器所设置振幅(10V)的 4 倍,如附图 2.3.6(b)所示。

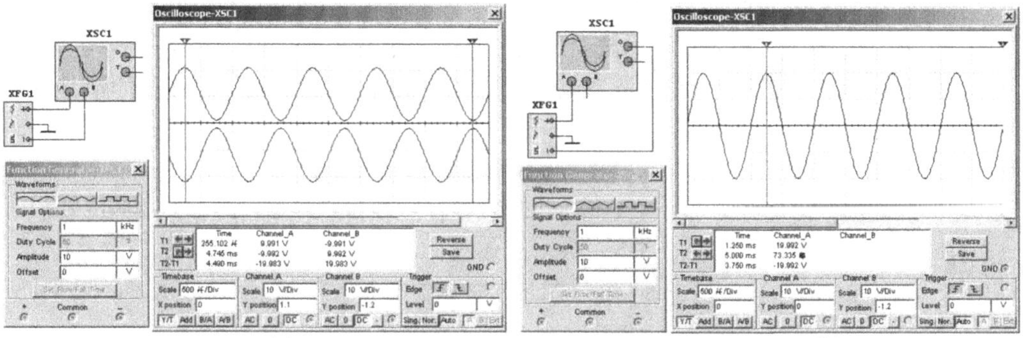

(a)　　　　　　　　　　(b)

附图 2.3.6　分别从“+”“-”端输出正弦波

3. 瓦特表

瓦特表(Wattmeter)是用来测量电路功率的一种仪器。它测得的是电路的有效功率,即电路终端的电势差与流过该终端的电流的乘积,单位为瓦特。此外,瓦特表还可以测量功率因数,即通过计算电压与电流相位差的余弦而得到。

(1) 瓦特表的连接。瓦特表的图标和面板如附图 2.3.7 所示。

该图标有两组输入端,左侧两个输入端为电压输入端,应与被测电路并联,右侧两个输入端为电流输入端,应与被测电路串联。

(2) 瓦特表的面板设置。由附图 2.3.7 可见,瓦特表的面板没有可以设置的选项,只有两个条形显示框,一个显示功率,另一个显示功率因数。

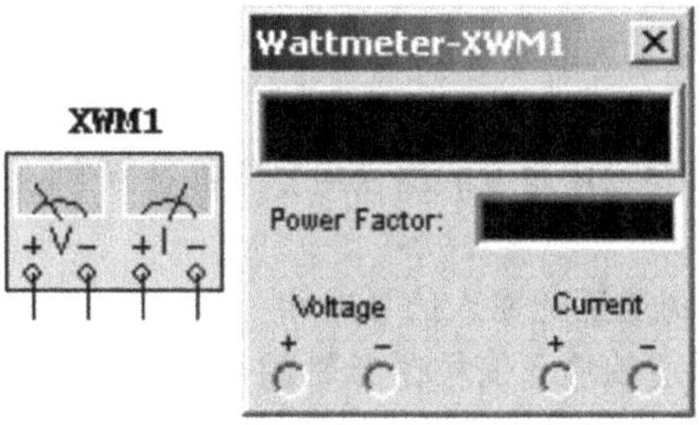

附图 2.3.7　瓦特表的图标和面板

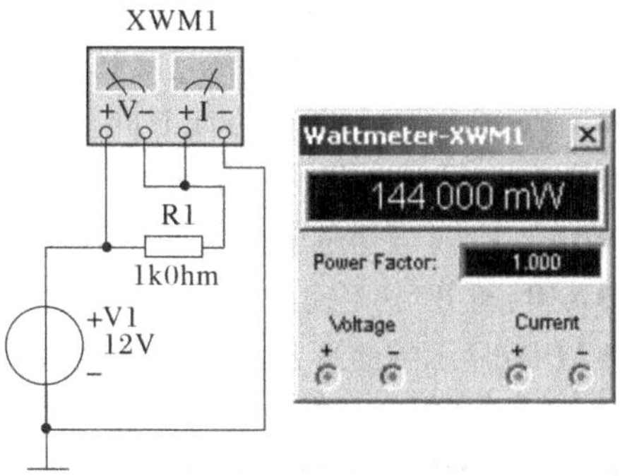

附图 2.3.8　瓦特表连接电路

(3)应用举例。

例3 用瓦特表测量如附图2.3.8所示的电路的功率和功率因数。

从附图2.3.8中可以看出,瓦特表左边的电压输入端子要与被测电阻并联,右边的电流输入端子要与被测电阻串联;测得功率为144.000 mW,功率因数为1.000。

4. 双踪示波器

双踪示波器(Oscilloscope)是实验中经常见到的一种仪器,它不仅可以显示信号的波形,还可以通过显示波形来测量信号的频率、幅度和周期等参数。

(1)双踪示波器的连接。双踪示波器的图标和面板如附图2.3.9所示。

双踪示波器有4个端点,A,B端点分别为两个通道,G为接地端,T是外触发输入端。虚拟的双踪示波器的连接与实际双踪示波器稍有不同,一是A,B两通道只有一根线与被测点连接,测的是该点与地之间的波形;二是当电路图中有接地符号时,双踪示波器的接地端可以不接。

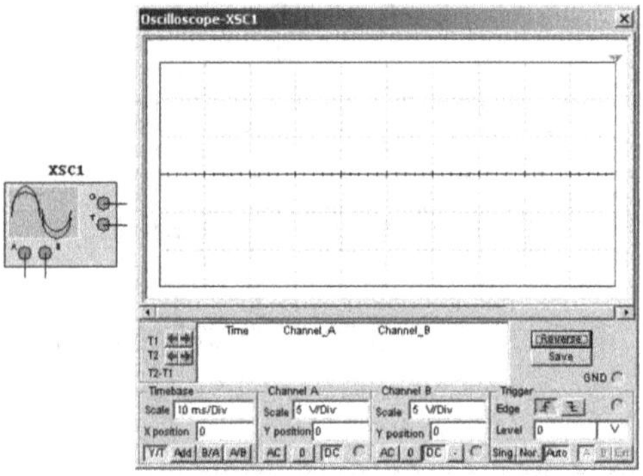

附图2.3.9 双踪示波器的图标和面板

(2)双踪示波器的面板设置。双踪示波器的面板主要由显示屏以及游标测量参数显示区、Timebass区、Channel A区、Channel B区和Trigger区这6个部分组成。由于显示屏太简单,因而不作介绍。

1) Timebass区:Timebass区用来设置X轴的时间基准扫描时间。

●Scale:设置X轴方向每一大格所表示的时间。单击该栏出现一对上下翻转箭头,

可根据显示信号频率的高低,通过上、下翻转箭头选择合适的时间刻度。例如,一个周期为1kHz的信号,扫描时基参数应设置在1ms左右。

●X Position:表示X轴方向时间基准的起点位置。

●Y/T:显示随时间的变化的信号波形。

●B/A:将A通道的输入信号作为X轴扫描信号,B通道的输入信号施加在Y轴上。

●A/B:与B/A相反。

●ADD:显示的波形是A通道的输入信号和B通道的输入信号之和。

2) Channel A区:Channel A区用来设置A通道的输入信号在Y轴的显示刻度。

●Scale:设置Y轴的刻度。

●Y Position:设置Y轴的起点。

●AC:显示信号的波形只含有A通道输入信号的交流成分。

●0：A 通道的输入信号被短路。

●DC：显示信号的波形含有 A 通道输入信号的交、直流成分。

3）Channel B 区：Channel B 区用来设置 B 通道的输入信号在 Y 轴的显示刻度，其设置方法与通道 A 相同。

4）Trigger 区：Trigger 区用来设置示波器的触发方式。

●Edge：表示将输入信号的上升沿或下降沿作为触发信号。

●Level：用于选择触发电平的大小。

●Sing：当触发电平高于所设置的触发电平时，示波器就触发一次。

●Nor：只要触发电平高于所设置的触发电平时，示波器就触发一次。

●Auto：若输入信号变化比较平坦或只要有输入信号就尽可能显示波形时，就选择它。

●A：用 A 通道的输入信号作为触发信号。

●B：用 B 通道的输入信号作为触发信号。

●Ext：用示波器的外触发端的输入信号作为触发信号。

5）游标测量参数显示区：游标测量参数显示区是用来显示两个游标所测得的显示波形的数据。可测量的波形参数有游标所在的刻度、两游标的时间差、通道 A，B 输入信号在游标处的信号幅度。通过单击游标中的左右箭头，可以移动游标。

注意：①设置波形显示颜色。通道 A，B 输入信号连线的颜色就是示波器显示波形的颜色，故只要改变通道 A、B 输入信号连线的颜色即可。

②单击示波器面板右下方的 Reverse 按钮，就可改变示波器的背景颜色（黑色或白色）。

③单击示波器面板右下方的 Save 按钮，就可将显示的波形保存起来。

（3）应用举例。

例 4　用示波器观察的李沙育图形如附图 2.3.10 所示。

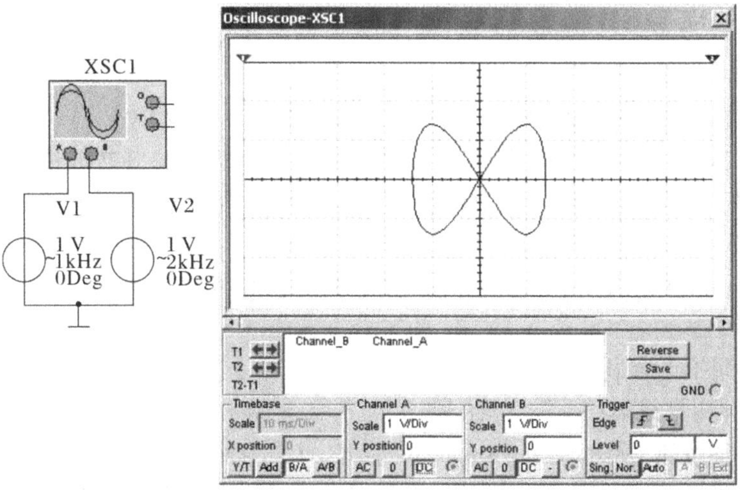

附图 2.3.10　李沙育图形

5. 波特图仪

波特图仪是一种测量、显示幅频和相频特性曲线的仪表。它能够产生一个频率范围很宽的扫描信号,常用于分析滤波电路的特性。

(1)波特图仪的连接:波特图仪的图标和面板如附图 2.3.11 所示。

波特图仪的图标有两组端口,左侧 IN 是输入端口,其“+”“-”输入端分别接被测电路输入端的正、负端子;右侧 OUT 是输出端口,其“+”“-”输入端分别接被测电路输出端的正、负端子。

注意:①电路中任何交流源的频率将不影响波特图仪对电路特性的测量。

②波特图仪对电路特性测量时,被测电路中必须有一个交流信号源。

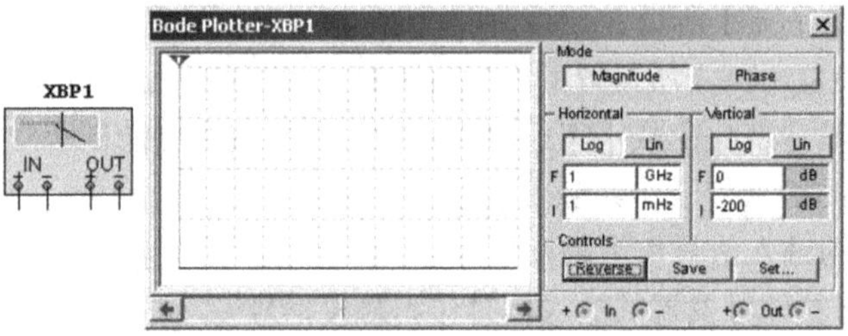

附图 2.3.11　波特图仪的图标和面板

(2)波特图仪的面板设置。

1) Mode 区。

●Magnitude:面板左侧的显示窗口显示被测电路的幅频特性。

●Phase:面板左侧的显示窗口显示被测电路的相频特性。

2) Horizontal 区。

●Log:X 轴的刻度取对数,即 Log*f*。当被测电路的幅频特性较宽时,选用它较合适。

●Lin:X 轴的刻度是线形的。

●F:即 Final,设置频率的最终值。

●I:即 Initial,设置频率的初始值。

注意:当设置水平轴标尺时,初始(I)频率必须小于截止(F)频率。

3) Vertical 区:当测量电压增益时,纵轴显示的是被测电路输出电压和输入电压的比值。若单击 Log 按钮,即纵轴的刻度取对数($20\log10 Vo/Vi$),单位为分贝;若单击 Lin 按钮,即纵轴的刻度是线性变化的。一般情况下采用线性刻度。

当测量相频特性时,纵轴坐标表示相位,单位是度,刻度始终是线性的。

4) Controls 区。

●Reverse:用于设置显示窗口的背景颜色(黑或白)。

●Save:保存测量结果。

●Set:单击该按钮,弹出 Setting Dialog 对话框。用于设置扫描的分辨率。设置的数值越大,分辨率越高,但运行时间较长。

此外,移动波特图仪的垂直游标可得到任一点频率所对应的电压比大小或相位的度数。

(3)应用举例。

例 5　共发射极三极管放大器电路如附图 2.3.12 所示,用波特图仪测量该电路的幅频特性和相频特性分别如附图 2.3.13(a),(b)所示。

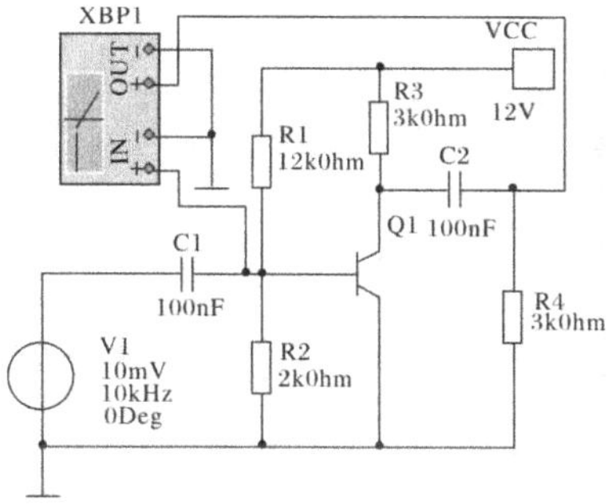

附图 2.3.12 共发射极三极管放大电路

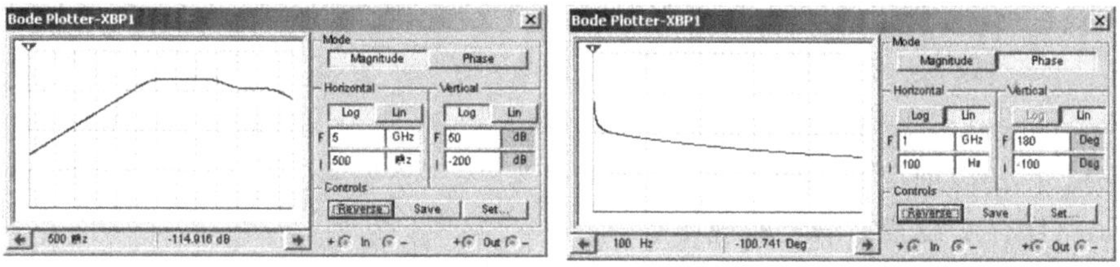

(a)幅频特性 (b)相频特性

附图 2.3.13 波特图仪的测量结果

6. 字信号发生器

字信号发生器(Word Generator)是一个能产生 32 位(路)同步逻辑信号的仪表,常用于数字电路的连接测试。

(1)字信号发生器的连接。字信号发生器的图标和面板如附图 2.3.14 所示。

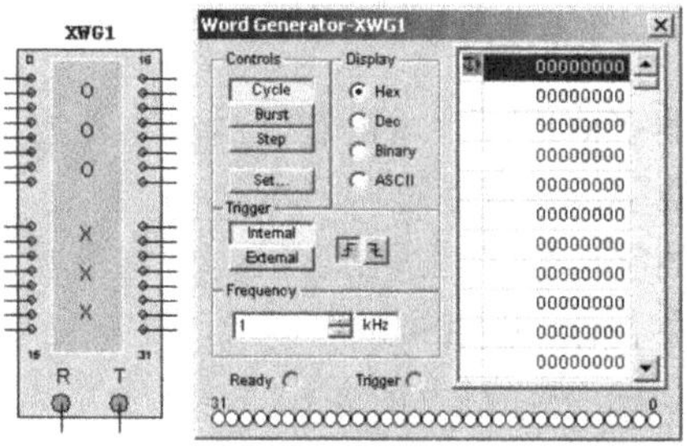

附图 2.3.14 字信号发生器的图标和面板

字信号发生器图标的左侧有 0 ~ 15 共 16 个端子,右侧有 16 ~ 31 共 16 个端子,它们是字信号发生器所产生的 32 位数字信号的输出端。字信号发生器图标的底部有两个端子,其中 R 端子输出信号准备好标志信号,T 端子为外触发信号输入端。

(2)字信号发生器的面板设置。

1) Controls 区:用于设置字信号发生器输出信号的格式。

●Cycle:表示字信号发生器在设置好的初始值和终止值之间周而复始地输出信号。

●Brust:表示字信号发生器从初始值开始,逐条输出直至终止值为止。

●Step:表示每单击鼠标一次就输出一条信号。

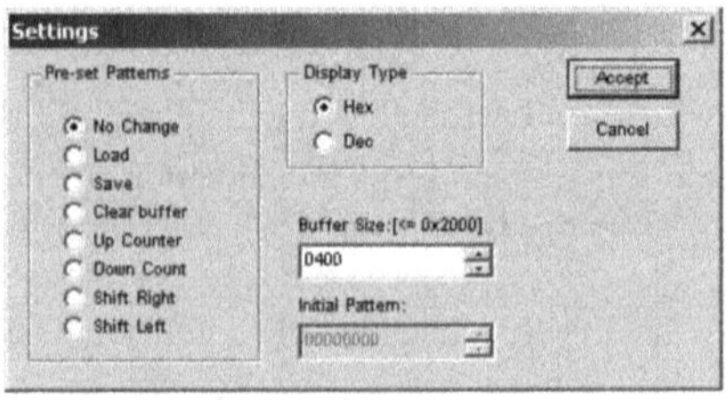

附图 2.3.15　Settings 对话框

●Set:单击此按钮,弹出如附图 2.3.15 所示的 Settings 对话框。该 Settings 对话框主要用于设置和保存字信号变化的规律或调用以前字信号变化规律的文件。各选项的具体功能如下所述。

☆ No Change:不变。

☆ Load:调用以前设置字信号规律的文件。

☆ Save:保存所设置字信号的规律。

☆ Clear buffer:清除字信号缓冲区的内容。

☆ Up Counter:表示字信号缓冲区的内容按逐个“+1”的方式编码。

☆ Down Counter:表示字信号缓冲区的内容按逐个“-1”的方式编码。

☆ Shift Right:表示字信号缓冲区的内容按右移方式编码。

☆ Shift Left:表示字信号缓冲区的内容按左移方式编码。

在 Display Type 区用于选择输出字信号的格式是十六进制(Hex)还是十进制(Dec)。在 BμFfer Size 条形框内可以设置缓冲区的大小。在 Initial Pattern 条形框内可以设置 Up Counter,Down Counter,Shift Right 和 Shift Left 模式的初始值。

2）Display 区。

●Hex:字信号缓冲区内的字信号以十六进制显示。

●Dec:字信号缓冲区内的字信号以十进制显示。

●Binary:信号缓冲区内的字信号以二进制显示。

●ASCII:信号缓冲区内的字信号以 ASCII 码显示。

3）Trigger 区。Trigger 区用于选择触发的方式。

●Internal:选择内部触发的方式。字信号的输出受输出方式按钮 Cycle,Burst 和 Step 的控制。

●External:选择外部触发的方式。必须外接触发信号,只有外触发脉冲信号来到时才输出字信号。

●:上升沿触发。

●:下降沿触发。

4）Frequency 区:用于设置输出字信号的频率。

5）缓存器视窗:缓存器视窗显示所设置的字信号格式,用鼠标单击缓存器视窗的左侧栏,弹出如附图 2.3.16 所示的控制字输出的菜单,具体功能如下:

●Set Cursor:设置字信号产生器开始输出字信号的起点。

●Set Break-Point:在当前位置设置一个中断点。

●Delete Break-point:删除当前位置设置的一个中断点。

●Set Initial Position:在当前位置设置一个循环字信号的初始值。

●Set Final Position:在当前位置设置一个循环字信号的终止值。

●Cancel:取消本次设置。

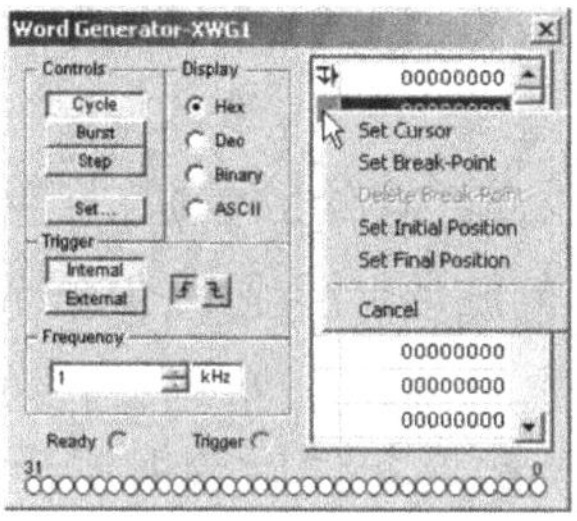

附图 2.3.16　控制字输出的菜单

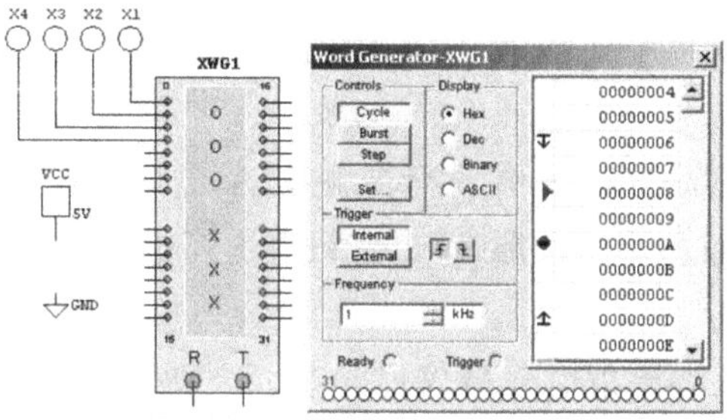

附图 2.3.17　字信号发生器应用举例

当字信号发生器发字信号时,输出的每一位值会在字信号发生器面板的底部显示出来。

(3)应用举例。

例 6　利用字信号发生器产生一个循环的二进制数,循环的初始值为 00000006H,循环的终止值为 0000000DH,字信号产生器输出的开始值为 00000008H,在 0000000A 处设置一个断点。用发光二极管显示输出的状态。具体电路和字信号发生器的设置如附图 2.3.17 所示。

7. 逻辑分析仪

逻辑分析仪可以同步记录和显示 16 路逻辑信号,常用于数字逻辑电路的时序分析和大型数字系统的故障分析。

(1)逻辑分析仪的连接:逻辑分析仪的图标和面板如附图 2.3.18 所示。

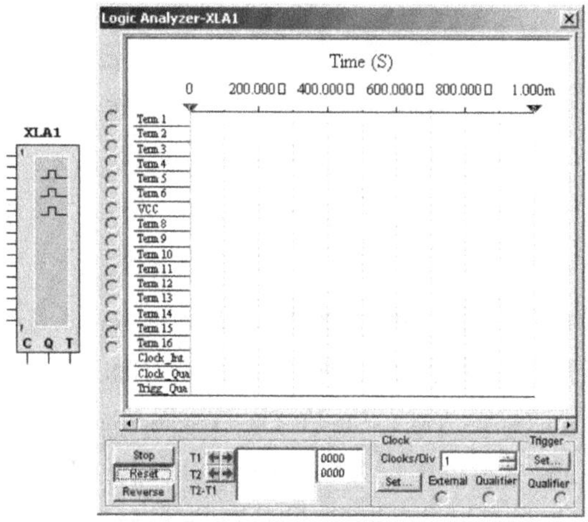

附图 2.3.18　逻辑分析仪的图标和面板

由附图 2.3.18 可见,逻辑分析仪图标的左侧从上到下有 16 个信号输入端,用于接入被测信号。图标的底部有3个端子,C端子是外部时钟输入端,Q端子是时钟控制输入端,T端子是触发控制输入端。

(2)逻辑分析仪的面板设置。

1)波形显示区:波形显示区用于显示16路输入信号的波形,所显示的波形的颜色与该输入信号的连线颜色相同,其左侧有16个小圆圈分别代表16个输入端,若某个输入端接被测信号,则该小圆圈内出现一个黑点。

2)显示控制区:显示控制区用于控制波形的显示和清除。它的左下部有3个按钮,其功能如下:

●Stop:若逻辑分析仪没有被触发,单击该按钮表示放弃已存储的数据;若逻辑分析仪已经被触发并且显示了波形,单击按钮表示停止逻辑分析仪的波形继续显示,但整个电路的仿真仍然继续。

●Reset:清除逻辑分析仪已经显示的波形,并为满足触发条件后数据波形的显示做好准备。

●Reverse:设置逻辑分析仪波形显示区的背景色。

3)游标控制区:游标控制区主要用于读取T_1,T_2所在位置的时刻。移动T_1,T_2右侧的左右箭头,可以改变T_1,T_2在波形显示区的位置,从而显示了T_1,T_2所在位置的时刻,并计算出T_1,T_2的时间差。

4)时钟控制区:通过Clock/Div条形框可以设置波形显示区每个水平刻度所显示时钟脉冲的个数。单击Set按钮,弹出如附图2.3.19所示的Clock Setup对话框。

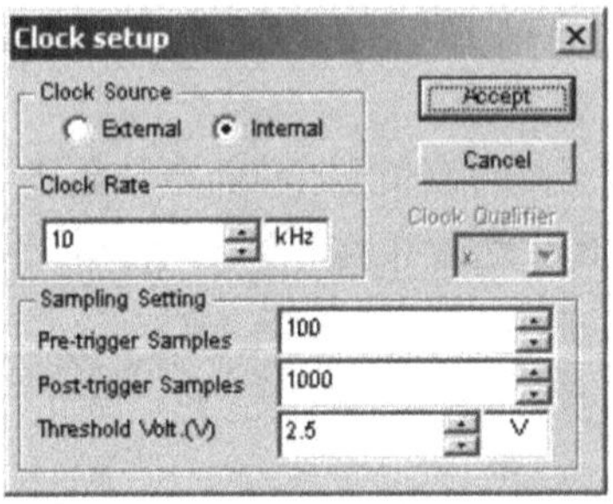

附图2.3.19 Clock Setup对话框

Clock Source区主要用于设置时钟脉冲的来源,其中External选项表示由外部输入时钟脉冲;单击Internal选项表示由内部取得时钟脉冲。Clock Rate区用于设置时钟脉冲的频率。Sample Settings区用于设置取样的方式,其中在Pre-Trigger Samples条形框中设置前沿触发的取样数,Post-Trigger Samples条形框中设置后沿触发的取样数,Threshold Volt.(V)条形框中设置门限电平。

5)触发控制区:触发控制区用于设置触发的方式。单击触发控制区的Set按钮,弹出Trigger Settings对话框,如附图2.3.20所示。

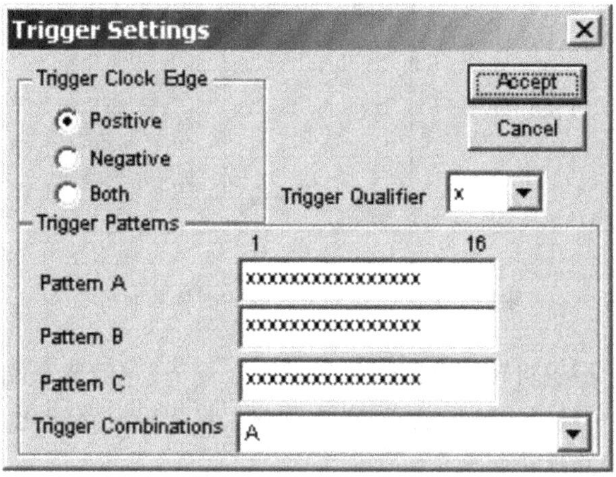

图 2.3.20　Trigger Settings 对话框

在 Trigger Clock Edge 区可用于选择触发脉冲沿，Positive 选项表示上升沿触发，Negative 选项表示下降沿触发，Both 选项表示上升沿或下降沿都触发。在 Trigger Qualifier 的下拉菜单中可以选取触发限制字（0，1 或随意）。在 Trigger Patterns 区用于设置触发样本，一共可以设置 3 个样本，并可以在 Trigger Combinations 栏的下拉菜单中选择组合的样本。

（3）应用举例。

例 7　用逻辑分析仪观察字信号发生器的输出信号，电路如附图 2.3.21 所示。字信号发生器的设置与逻辑分析仪的显示如附图 2.3.22 所示。

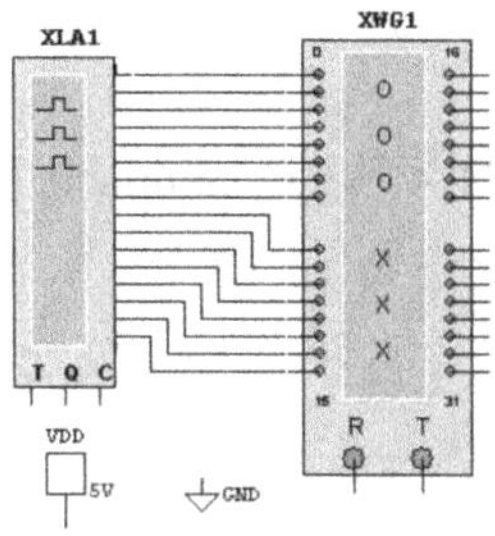

附图 2.3.21　用逻辑分析仪观察字信号发生器的输出信号

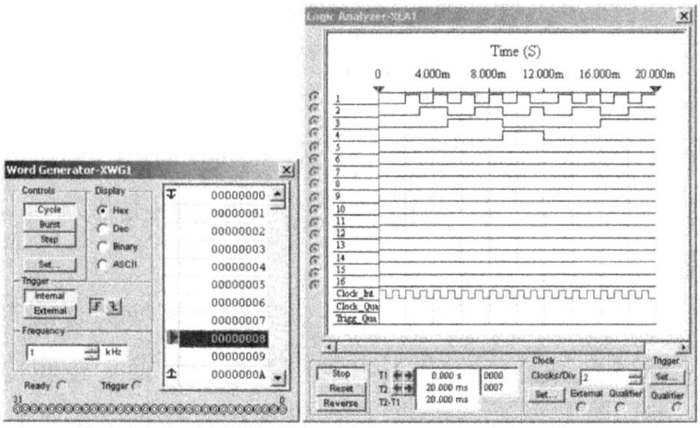

附图 2.3.22　字信号发生器的设置与逻辑分析仪

8. 逻辑转换仪

逻辑转换仪是 Multisim 7 仿真软件特有的虚拟仪器，在实验室里并不存在。主要用于逻辑电路的几种描述方法的相互转换，如将逻辑电路转换为真值表，将真值表转换为最简表达式，将逻辑表达式转换为与非门逻辑电路等。

（1）逻辑转换仪的连接。逻辑转换仪的图标和面板如附图 2.3.23 所示。

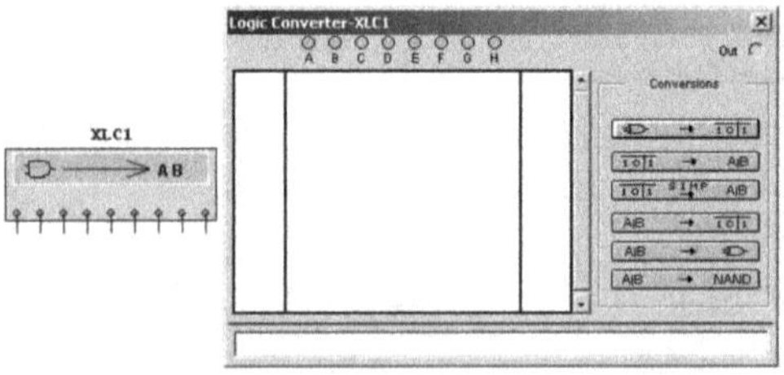

附图 2.3.23　逻辑转换仪的图标和面板

由附图 2.3.23 可见，逻辑转换仪的图标共有 9 个端子，左侧 8 个端子用来连接电路输入端的节点，最右边的一个端子为输出端子，通常只有在将逻辑电路转化为真值表时，才将逻辑转换仪的图标与逻辑电路连接起来。

(2)逻辑转换仪的面板操作。逻辑转换仪的面板分为 4 个区，分别是变量选择区、真值表区、转换类型选择区和逻辑表达式显示区。

1) 变量选择区：变量选择区在逻辑转换仪的面板的最上面，罗列了可选择的 8 个变量。单击某个变量，该变量就自动添加到面板的真值表中。

2) 真值表区：真值表区分为 3 个栏，左边的显示栏显示了输入组合变量取值所对应的十进制数，中间显示栏显示了输入变量的各种组合，右边显示栏显示了逻辑函数的值。

3) 转换类型选择区：转换类型选择区位于真值表的右侧，共有 6 个功能按钮，具体功能如下所述：

● ：将逻辑电路图转换为真值表，具体步骤如下：

(a)将逻辑电路图的输入端连接到逻辑转换仪的输入端。

(b)将逻辑电路图的输出端连接到逻辑转换仪的输出端。

(c)单击按钮，电路真值表就出现在逻辑转换仪面板的真值表区中。

● ：将真值表转换为逻辑表达式。

● ：将真值表转换为最简逻辑表达式。

注意：简化一个逻辑表达式需要较大的内存空间，如果现有内存不够大，Multisim 7 或许不能完成此操作指令。

● ：由逻辑表达式转换为真值表。

● ：由逻辑表达式转换为逻辑电路。

● ：由逻辑表达式转换为与非门逻辑电路。

4) 逻辑表达式显示区：在执行相关的转换功能时，可在该条形框中显示或填写逻辑表达式。

(3)应用举例。

例 8　试求如附图 2.3.24 所示电路的逻辑表达式。

首先，创建逻辑电路图，并将逻辑转换仪接入电路。然后，单击按钮，将逻辑电路转化为真值表达式，如附图 2.3.25 所示。最后，单击按钮，就可以得到该真值表的逻辑表达式，如附图 2.3.26 所示，若单击按钮，就可以得到该真值表的最简逻辑表达式。

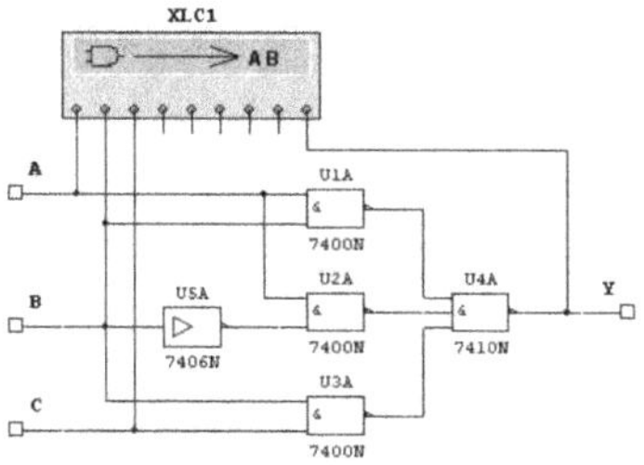

附图 2.3.24 逻辑

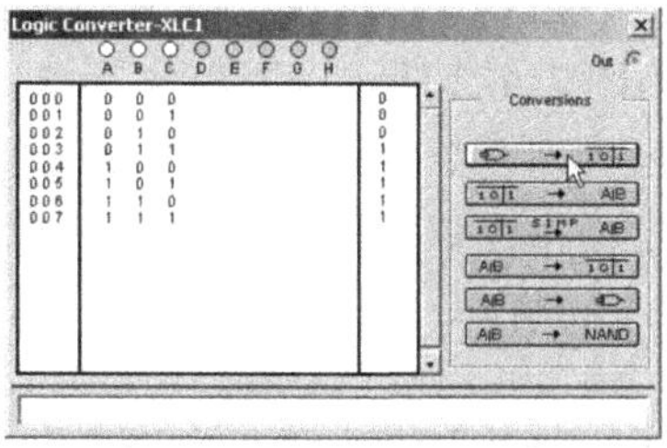

附图 2.3.25　将逻辑电路转换为真值表达式

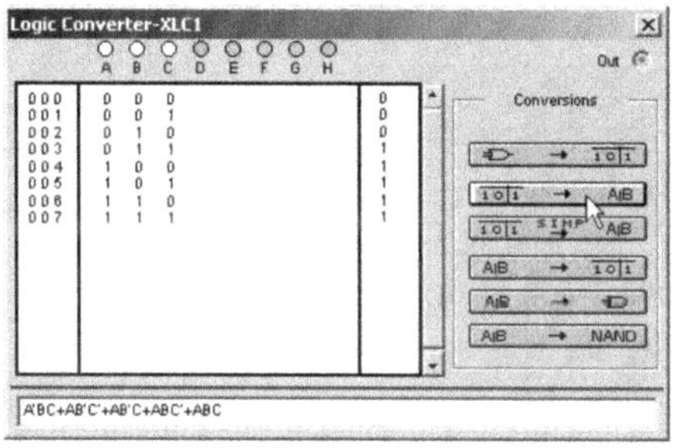

附图 2.3.26　真值表的逻辑表达式

附录 2.4　Multisim 仿真实验实例

通过一个很简单的例子，来增强对 Multisim 7 的感性认识。附图 2.4.1 所示的是一个波形变换电路，电路中共有以 1 个七端运放为核心的 8 种共 11 个元件，分别为：七端运放 1 个；二极管 1 个；直流电压源 2 个；齐纳二极管 2 个、电阻 2 个；电容 1 个；可变电阻 1 个；接地 2 个。另外，图中还有函数信号发生器和示波器各 1 台。

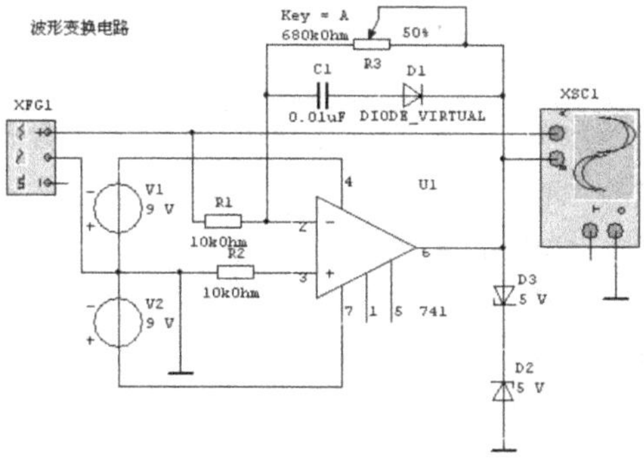

附图 2.4.1　波形变换电路

(1)按照电路图中的具体要求选放元件；

(2)双击元件打开其属性对话框，按电路图中的具体要求设置属性；

(3)须调整方向的元件，打开右键菜单，按要求调整元件方向；

(4)连线，注意交叉点处的状态是否导通；

(5)在仪表工具栏中取放函数信号发生器和示波器各 1 台并连线,函数信号发生器选用锯齿波,如附图 2.4.2 所示设置参数,示波器使用默认设置;

(6)在原理图左上角添加文字“波形变换电路”;

(7)为了便于观察仿真结果,按照电路图中要求,执行右键 Color…命令改变和示波器 A,B 通道相连连线的颜色。

(8)点击仿真开始按钮开始仿真;

(9)双击示波器图标,观察结果如附图 2.4.3 所示。

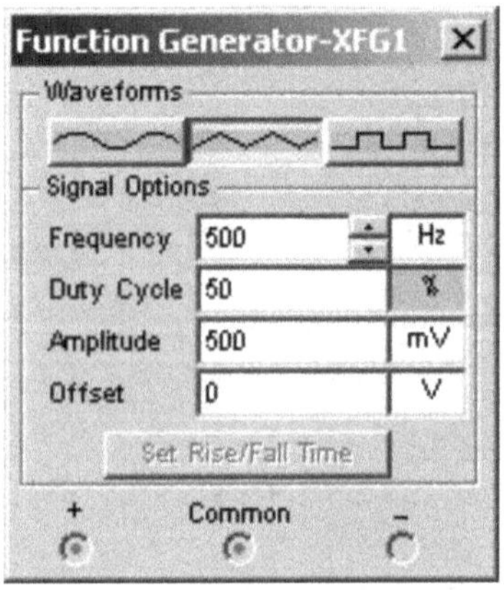

附图 2.4.2　函数信号发生器参数设置

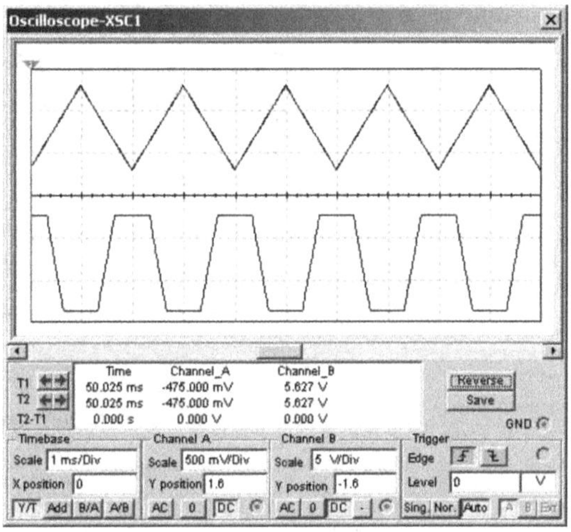

附图 2.4.3　仿真结果

附录 2.5　常用的仿真分析方法

Multisim 7 教育版提供了 19 种基本分析方法。分别是直流工作点分析、交流分析、瞬态分析、傅里叶分析、噪声系数分析、失真分析、直流扫描分析、灵敏度分析、参数扫描分析、温度扫描分析、零-极点分析、传递函数分析、最坏情况分析、蒙特卡罗分析、线宽分析、批处理分析、用户自定义分析和射频分析。如此多的仿真分析功能是其他电路分析软件不能比拟的。下面只对其中的几种分析方法进行详细介绍,其余的分析方法可以查阅用户手册或帮助文件。

1. 直流工作点分析

直流工作点分析(DC Operating Point Analysis)就是求解电路(或网络)仅受电路中直流电压源或电流源作用时,每个节点上的电压及流过电源的电流。在对电路进行直流工作点分析时,电路中交流信号源置零(即交流电压源视为短路,交流电流源视为开路)、电容视为开路、电感视为短路、数字器件视为高阻接地。

现在以附图 2.5.1 所示的电路为例,详细地介绍直流工作点分析的操作过程。

首先在电路窗口中创建如附图 2.5.1 所示的克拉拨振荡器电路图。然后单击 Simulate 菜单中 Analyses 选项下的 DC Operating Point 命令,弹出 DC Operating Point Analysis 对话框,如附图 2.5.2 所示。

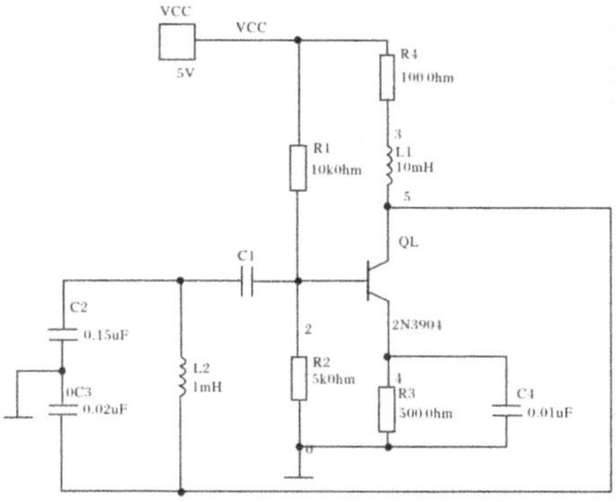

附图 2.5.1　克拉拨振荡器电路图

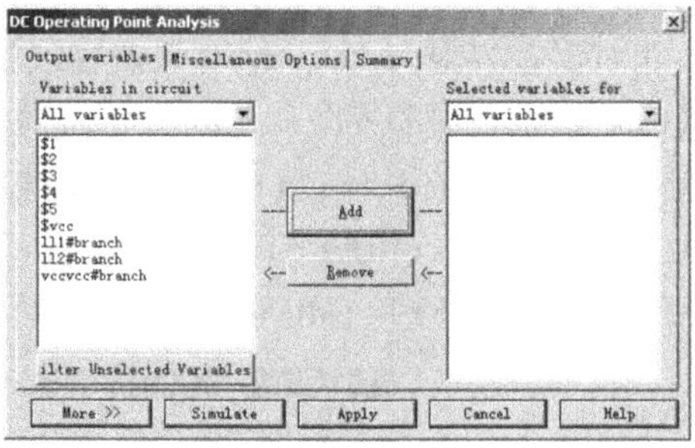

附图 2.5.2　DC Operating Point Analysis 对话框

该对话框包括 Output variables, Miscellaneous Options 及 Summary 这 3 个标签。

(1) Output variables 标签页:主要用于设置需要分析的节点。Variables in circuit 栏列出了可用来分析的电路节点、流过电压源/电感的电流等变量。如果不需要这么多变量表示,可单击下拉列表的向下箭头,弹出变量类型选择列表,如附图 2.5.3 所示,从中选取所需要的变量类型。

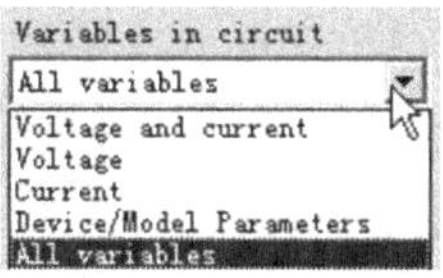

附图 2.5.3　变量类型选择表

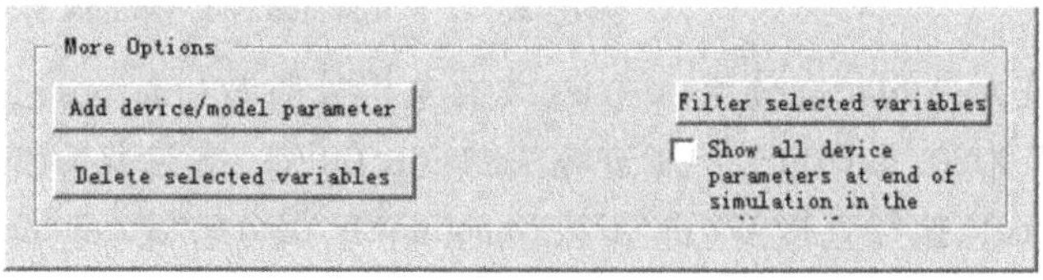

附图 2.5.4　添加的 More Options 区

Selected variables for analysis 栏显示了将要分析的节点,默认状态为空,需要用户从 Variables in circuit 栏中选取。

具体方法是:首先选中 Variables in circuit 栏中需要分析的一个或多个变量,然后单击 Add 按钮,这些变量就添加到 Selected variables for analysis 栏中。如果想删除已选中的某个变量,可先选中该变量,然后单击 Remove 按钮,就将它移回到 Variables in circuit 栏中。

单击 DC Operating Point Analysis 对话框底部的 More 按钮,DC Operating Point Analysis 对话框就添加了一个 More Options 区,所添加的 More Options 区如附图 2.5.4 所示。

新增加的功能为:

● Add device /model parameter 按钮:表示在 Variables in circuit 栏中添加某个元件/ 模型的参数。

● Delete selected variables 按钮:删除已通过 Add device /model parameter 按钮选择到 Variables in circuit 栏中且不再需要的变量。

● Filter selected variables 按钮:与 Filter Unselect Variables 类似。不同之处是 Filter selected variables 只能筛选 Filter Unselect Variables 已经选中且放在 Selected variables for analysis 栏中的变量。

(2) Miscellaneous Options 标签页:与仿真分析有关的其他分析选项设置页,如图 2.5.5 所示。其中 Use this custom analysis 选项是用于选择程序是否采用用户所设定的分析选项，该选项下面的显示栏罗列了可供选择设定的项目，主要有打印仿真统计数据（acct）、最小电导（gmin）、相对误差容限（reltol）、绝对误差容限（abstol）、电压绝对误差容限（vntol）、截断误差关键系数（trtol）、电荷误差容限（chgtol）、矩阵对角线绝对值最小值（pivtol）、矩阵对角线绝对值比率最小值（pivrel）、标称温度（tnom）、直流迭代极限（itl1）、直流转移曲线迭代极限（itl2）、瞬态迭代次数上限（itl4）、MOSFET 沟道长度（defl）、MOSFET 沟道宽度（defw）、MOSFET 漏级扩散区面积（edfad MOSFET）、MOSFET 源级扩散区面积（defas MOSFET）、

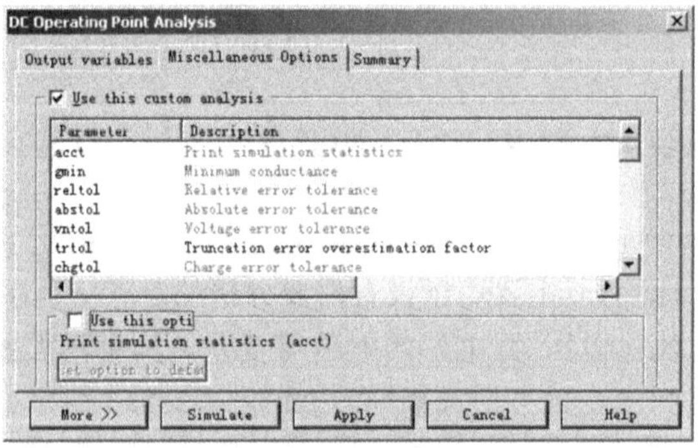

附图 2.5.5 Miscellaneous Options 标签

不变元件的允许分流（bypass）、最大积分阶数（maxord）、工作温度（temp）、使用 SPICE2 MOSFET 限制（oldlinit）、源步进算法的步长（itl6）、增益步长数（gminsteps）、断点间的最小时间（minbreak）、执行直接 GMIN 步进（noopiter）、积分方式（method）、有损传输线压缩（trytocompact）、使用旧 MOS3 模型（badmoon3）、记录小信号分析工作点（keepopinfo）、取消模拟/事件交替（noopalrer）、斜升时间（ramprime）、分析点事件迭代（maxebtiter），能使模型码的收敛（convlimit）、绝对收敛步长（convabsstep）、相对收敛步长（convstep）、全部模型自动局部计算（autopartial）和模拟节点至地的分流电阻（rshumt）等参数。在仿真分析的过程中，绝大部分选项应该使用默认值，如果要想修改某个选项，则先选中该选项，然后单击 Use this option 选项，其右边就出现一个条形框，在该条形框中设置该选项的数值。对于不是特别熟悉选项功能的读者，不要随便改变选项的默认设置。

（3）Summary 标签页：对分析设置进行汇总确认，如附图 2.5.6 所示。在该例中若选中所有的节点，单击 Simulate 按钮，弹出 Analysis Graphs 显示框，计算出各节点电压，如附图 2.5.7 所示。

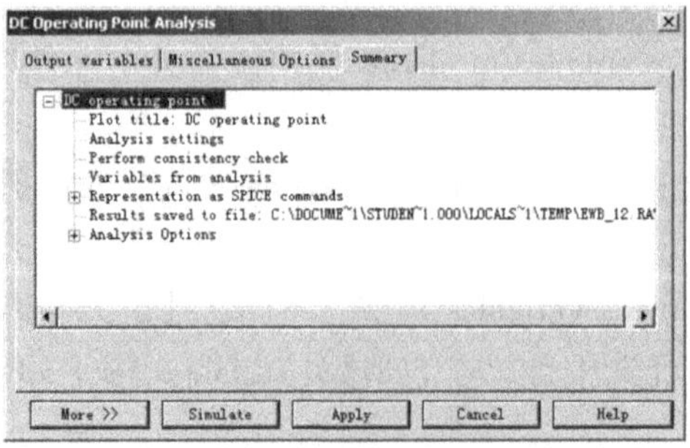

附图 2.5.6 Summary 标签页

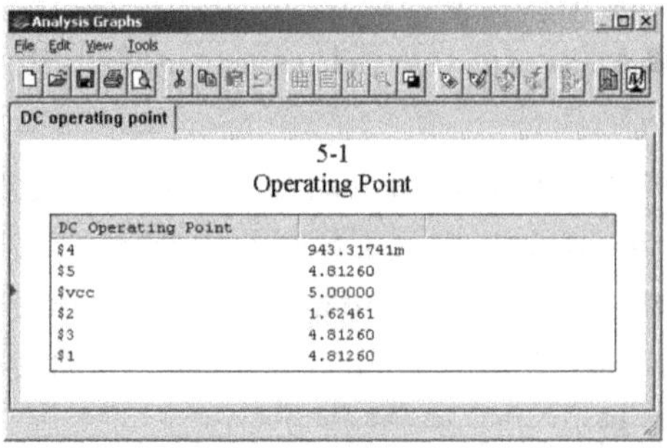

附图 2.5.7 直流工作点分析结果

2. 交流分析

交流分析(AC Analysis)就是对电路进行交流频率响应分析,分析时 Multisim 7 仿真软件首先对电路进行直流工作点分析,以建立电路中非线性元件的交流小信号模型。然后对电路进行交流分析,并且输入信号源都被认为是正弦波信号,若使用函数信号发生器作为输入信号时,即使选用三角波或方波信号 ,Multisim 7 也自动将它改为正弦波形输出。

现在以附图 2.5.8 所示的简单 RCL 电路为例,具体说明交流分析的步骤。

首先在 Multisim 7 用户界面的电路窗口中,创建如附图 2.5.8 所示的 RCL 电路。然后单击 Simulate 菜单中的 Analyses 选项下的 AC Analysis 命令,弹出如附图2.5.9 所示的 AC Analysis 对话框。

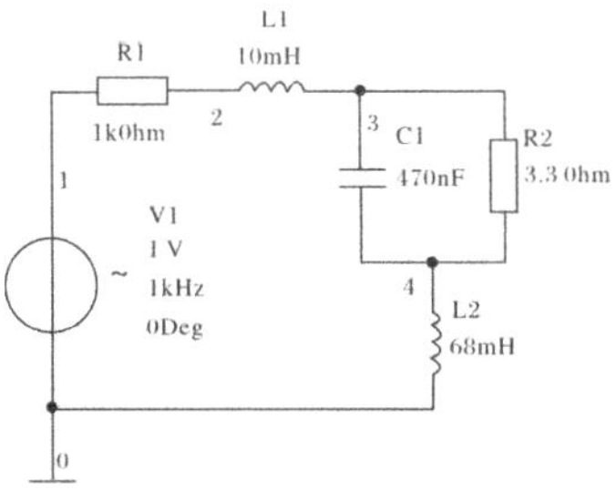

附图 2.5.8 RCL 电路

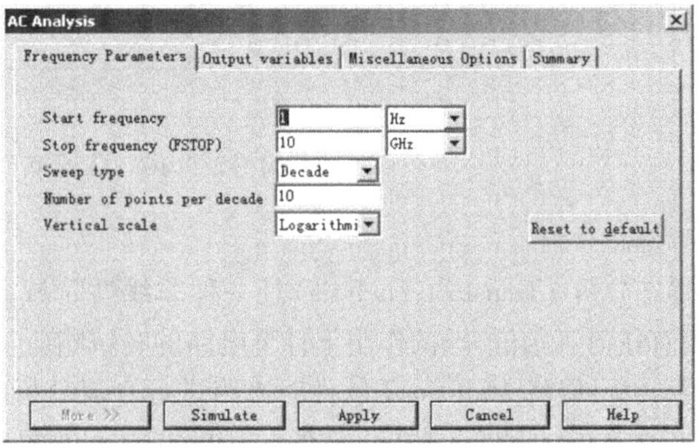

附图 2.5.9 AC Analysis 对话框

该对话框含有 4 个标签,除 Frequency Parameters 标签外,其余与直流工作点分析的标签一样,在此不再赘述。Frequency Parameters 标签页主要用于设置 AC 分析时的频率参数。

● Start frequency:设置交流分析的起始频率。

● Stop frequency(FSTOP):设置交流分析的终止频率。

● Sweep type: 设置交流分析的扫描方式,主要有 Decade(十倍程扫描)、Octave(八倍程扫描)和 Linear(线性扫描)。通常采用十倍程扫描(Decade 选项),以对数方式展现。

● Number of points per decade:设置十倍频率的取样数量。设置的值越大,则分析所需的时间越长。

● Vertical scale:设置纵坐标的刻度。主要有 Decibel(分贝)、Octave(八倍)、Linear(线性)和 Logarithmid(对数),通常采用 Logarithmid 或 Decibel 选项。

对于附图 2.5.8 所示的电路,设起始频率为 1Hz,终止频率为 10GHz,扫描方式为 Decade,取样值设为 10,纵坐标设置为 Logarithmic。另外,在 Output variables 标签页中,选定节点 4 作为仿真分析变量,最后单击 Simulate 按钮进行分析,其结果如附图 2.5.10 所示。

由附图 2.5.10 可见,幅频特性的纵轴用该点电压来表示。这是因为不管输入的信号源数值多少,Multisim 7 软件一律将其视为一个幅度为单位 1 且相位为零的单位源,这样从输出节点取得的电压的幅度就代表了增益值,相位就是输出与输入之间的相位差。

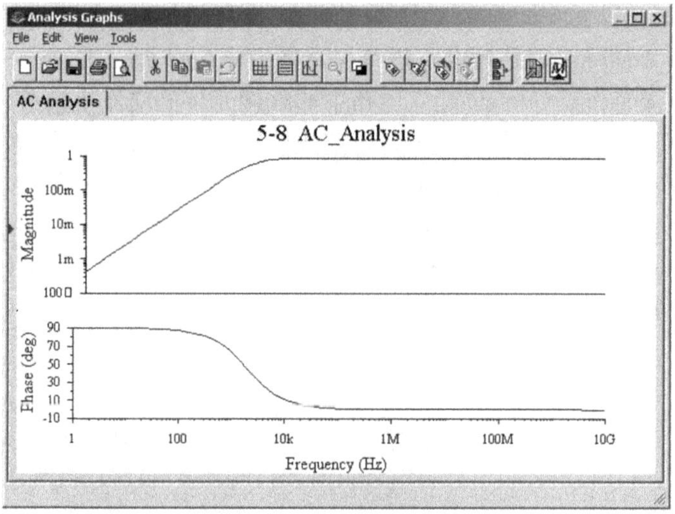

附图 2.5.10 AC 分析结果

3. 瞬态分析

瞬态分析（Transient Analysis）是一种非线性时域（Time Domain）分析，可以在激励信号（或没有任何激励信号）的作用下计算电路的时域响应。分析时，电路的初始状态可由用户自行设置，也可以将 Multisim 7 软件对电路进行直流分析的结果作为电路初始状态。瞬态分析的结果通常是分析节点的电压波形，故用示波器可观察到相同的结果。

现在以附图 2.5.11 所示的脉宽调节电路为例，说明瞬态分析的具体操作步骤。

首先在 Multisim 7 用户界面的电路窗口中，创建如附图 2.5.11 所示的脉宽调节电路，然后单击 Simulate 菜单中 Analyses 选项下的 Transient Analysis 命令，弹出如附图 2.5.12 所示的 Transient Analysis 对话框。该对话框含有 4 个标签，除 Analysis Parameters 标签外，其余与直流工作点分析的标签一样，在此不再赘述。Analysis Parameters 标签页主要用于设置瞬态分析时的时间参数。

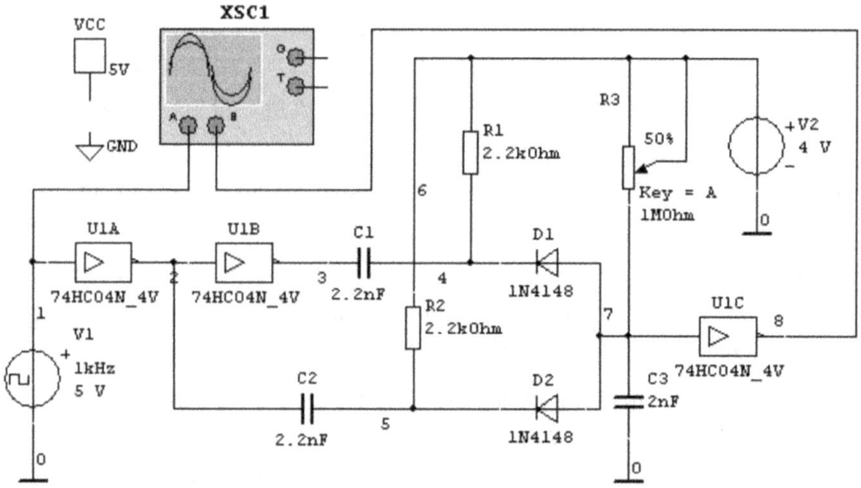

附图 2.5.11 脉宽调节电路

●Initial Conditions 区:其功能是设置初始条件,包括 Automatically determine initial conditions(由程序自动设置初始值)、Set to zero(将初始值设置为 0)、User defined(由用户定义初始值)及 Calculate DC operating point(通过计算直流工作点得到初始值)。

●Parameters 区:用于设置时间间隔和步长等参数。包括 Start time(开始分析的时间)、End time(结束分析的时间)和 Maximum time step settings(最大时间步长)。

若选中 Maximum time step settings 选项,其下又有 3 个可供选择的单选项。

(1)Minimum number of time points:选取该选项后,则在右边条形框中设置从开始时间到结束时间内最少的取样点数。设置的数值越大,在一定的时间内分析的点数越多,则分析所需要的时间会越长。

(2)Maximum time step (TMAX):选取该选项后,则在右边条形框中设置仿真软件所能处理的最大时间间距。所设置的数值越大,则相应的步长所对应的时间越长。

(3)Generate time steps automatically:由仿真软件自动设置仿真分析的步长。

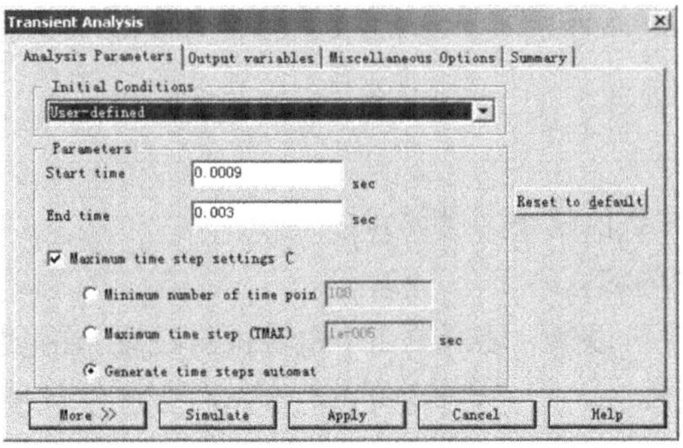

附图 2.5.12　Transient Analysis 对话框

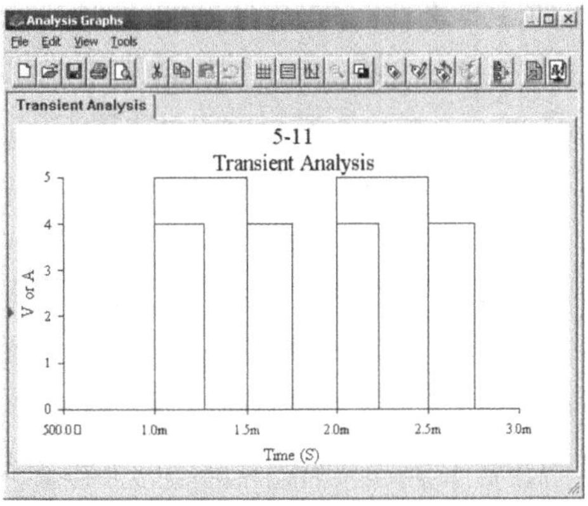

附图 2.5.13　瞬态分析结果

对于本例,我们选取 Automatically determine conditions 选项,即由仿真软件自动设置初始值,然后将开始分析时间设为 0.0009、结束分析时间设为 0.003s、选取 Maximum time step (TMAX)选项及 Generate time steps automatically 选项。另外,在 Output variables 页中,选择节点 1 和 8 作为仿真分析变量;最后单击 Simulate 按钮进行分析,其结果如附图 2.5.13 所示。

对于本例,还可以通过示波器来观察节点 1 和 8 的波形,很容易得出结论,示波器所显示的波形与瞬态分析结果相同。此外,改变电路图中可变电阻 R1 的大小,还可以改变输出脉冲占空比。

4. *直流扫描分析*

直流扫描分析(DC Sweep Analysis)用来分析电路中某一节点的直流工作点随电路中一个或两个直流电源变化的情况。利用直流扫描分析的直流电源的变化范围可以快速确定电路的直流工作点。

现在以附图 2.5.14 所示的三极管放大电路为例,说明直流扫描分析的具体操作步骤。

首先在 Multisim 7 用户界面的电路窗口中,创建如附图 2.5.14 所示的三极管放大电路。然后单击 Simulate 菜单中 Analyses 选项下的 DC Sweep 命令,弹出如附图 2.5.15 所示的 DC Sweep Analysis 对话框。

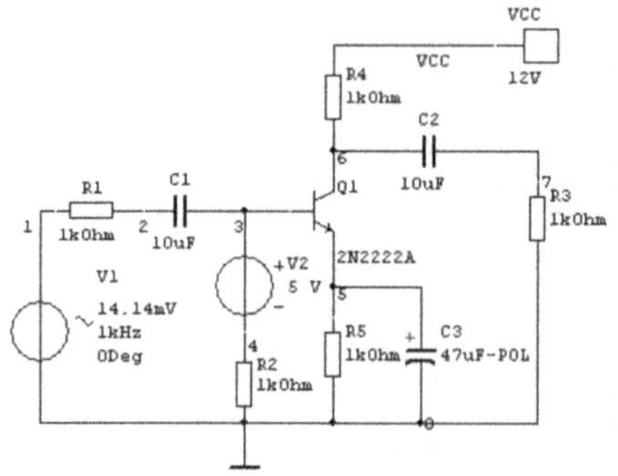

附图 2.5.14　三极管放大电路

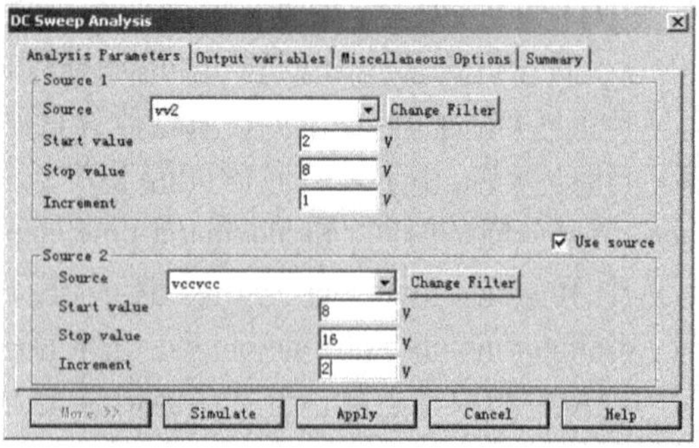

附图 2.5.15　DC Sweep Analysis 对话框

该对话框含有 4 个标签，除 Analysis Parameters 标签外，其余与直流工作点分析的标签相同，在此不再赘述。Analysis Parameters 标签页中各选项的主要功能如下所述：

(1) Source 1 区。对直流电源 1 的各种参数进行设置，主要参数的功能如下所述

● Source：选择所要扫描的直流电源。

● Start value：设置电源扫描的初始值。

● Stop value：设置电源扫描的终止值。

● Increment：设置电源扫描的增量。设置的数值越小，分析的时间越长。

● Change Filter：选择 Source 列表中过滤的内容。

(2) Source 2 区。对直流电源 2 各种参数进行设置。要对第 2 个电源进行设置，首先要选中在 Source 1 区与 Source 2 区之间的选项 Use Source 2。然后就可以对 Source 2 区进行设置。设置方法同 Source 1。对于附图 2.5.14 所示的电路，选择第 1 个电源 V2 的变动范围是 2 ~ 8V，增量是 1V；第 2 个电源 VCC 的变动范围是 8 ~ 16V，增量是 2V；在 Output variables 标签页上选取节点 6 为输出节点，仿真结果如附图 2.5.16 所示。

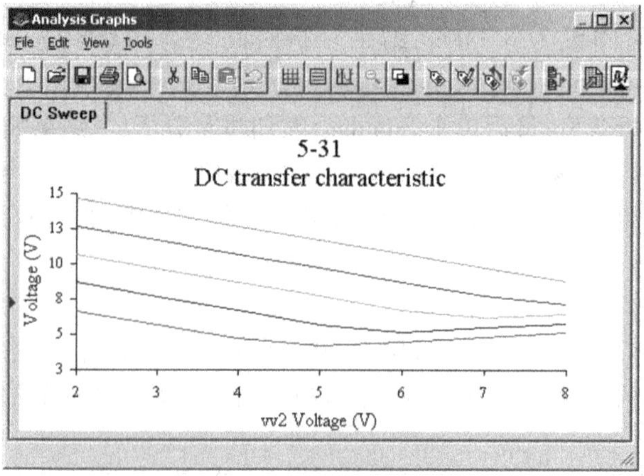

附图 2.5.16　直流扫描分析结果

5. 参数扫描分析

参数扫描分析(Parameter Sweep Analysis)就是检测电路中某个元件的参数,在一定取值范围内变化时对电路直流工作点、瞬态特性、交流频率特性的影响。在实际电路设计中,可以针对电路的某些技术指标进行优化。

现在以附图 2.5.17 所示方波产生的电路为例,说明参数扫描分析的具体操作步骤。

首先在 Multisim 7 用户界面的电路窗口中,创建如附图 2.5.17 所示的方波产生电路。然后单击 Simulate 菜单中 Analyses 选项下 Parameter Sweep 命令,弹出如附图 2.5.18 所示的 Parameter Sweep 对话框。

该对话框含有 4 个标签,除 Analysis Parameters 标签外,其余的与直流工作点分析的标签相同,在此不再赘述。Analysis Parameters 标签页中各选项的功能如下所述:

(1)Sweep Parameters 区。

1) 在 Sweep Parameter 下拉菜单中选择 Device Parameter,其右边的 5 个条形框显示与器件参数有关的信息。

●Device:选择将要扫描的元件种类,包括了当前电路图中所有元件的种类。

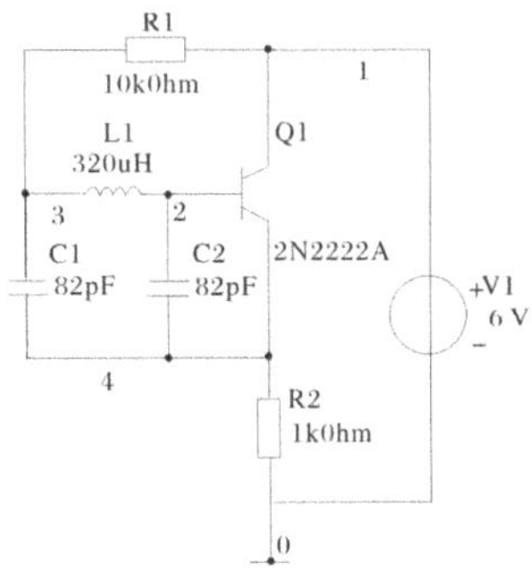

附图 2.5.17　方波产生电路

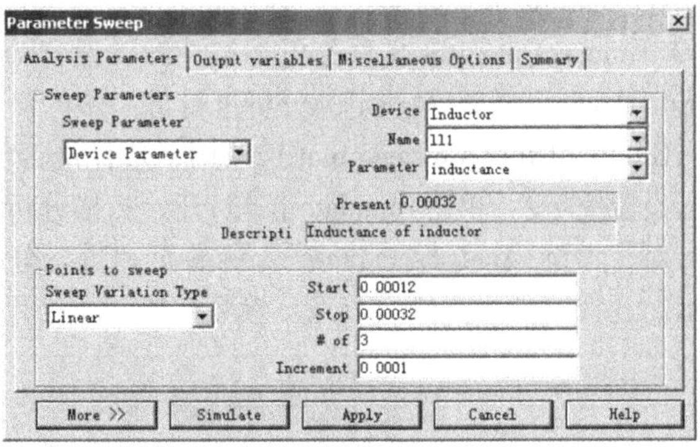

附图 2.5.18　Parameter Sweep 对话框

●Name:选择将要扫描的元件标号。

●Parameter:选择将要扫描元件的参数。不同的元件有不同的参数,例如 Capacitor,可选的参数有 Capacitance,ic,w,1 和 sens_cap 这 5 个参数。

●Present:所选参数当前的设置值(不可改变)。

●Description:所选参数的含义(不可改变)。

2) 在 Sweep Parameter 下拉菜单中选择 Model Parameter。该区的右边同样有 5 个需要进一步选择的条形框。

注意:该 5 个条形框中提供的选项,不仅与电路有关,而且与选择 Device Parameter 对应的选项有关。

(2)Points to sweep 区。Points to sweep 区主要用于选择扫描方式。在 Sweep Variation Type 下拉菜单中,可以选择十倍程(Decade)、线性(Linear)、八倍程(Octave)3 种扫描方式,默

认设置为 Decade。

若选 Decade,Octave 或 Linear,该区的右边还有 4 个需要进一步选择的条形框。

●Start value:设置将要扫描分析元件的起始值。其值可以大于或小于电路中所标注的参数值。默认设置为电路元件的标注参数值。

●Stop value:设置将要扫描分析元件的终止值。默认设置电路中元件的标注参数值。

●#of:设置扫描的点数。

●Increment:设置扫描的增量值。

(3)More Options 区。单击 Parameter Sweep 对话框底部的 More 按钮,Parameter Sweep 对话框中会增加一个 More Options 区,如附图 2.5.19 所示。

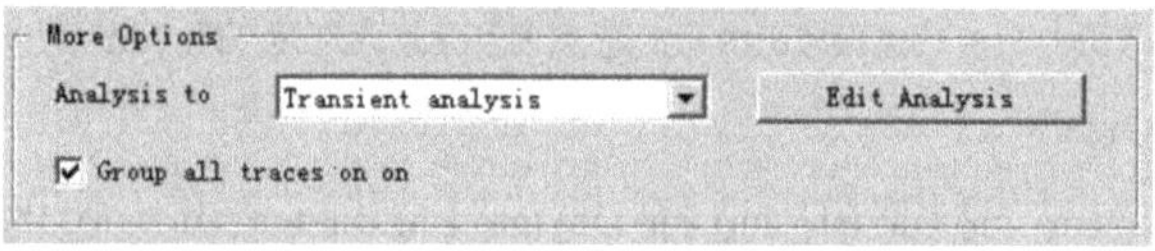

附图 2.5.19　More Options 区

在 Analysis to 下拉菜单中选择分析的类型,Multisim 7 提供了 DC operating point,AC analysis 和 Transient analysis 3 种分析类型。默认设置为 Transient analysis。在选定分析类型后,单击 Edit Analysis 按钮对选定的分析进行进一步的设置。

Group all traces on one plot 选项用于选择是否将所有的分析曲线放在同一个图中显示。

设置完毕后,单击 Simulate 按钮,开始扫描分析,按 Esc 键停止分析。

对于本例,Analysis Parameters 标签页和瞬态分析设置分别如附图 2.5.20 和附图 2.5.21 所示。选择节点 4 为输出节点。参数扫描分析结果如附图 2.5.22 所示。

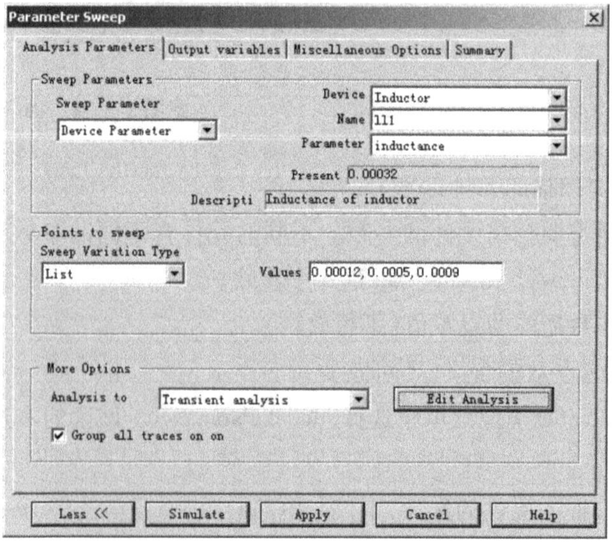

附图 2.5.20　Analysis Parameters 标签页设置

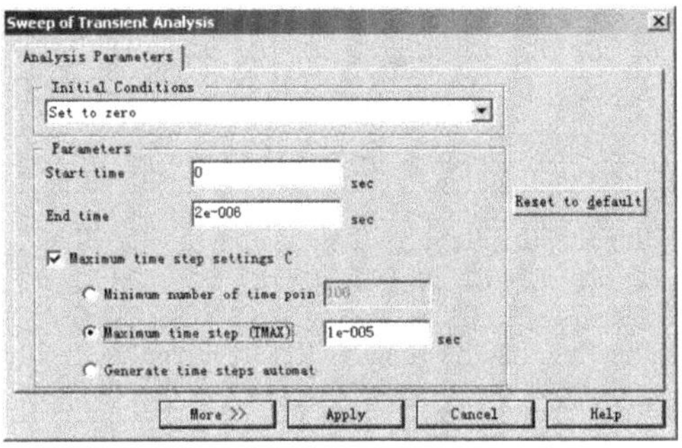

附图 2.5.21　瞬态分析设置

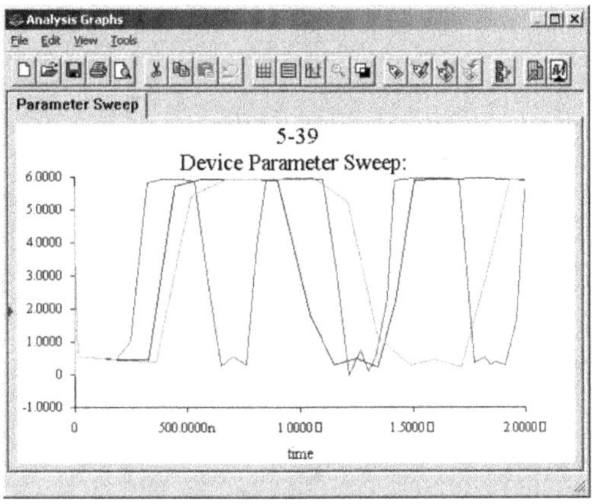

附图 2.5.22　参数扫描分析的结果